简约实用
轻松制作

北欧风家具DIY

简约实用
轻松制作
北欧风家具DIY

[韩]金正银 / 著

中原农民出版社

·郑州·

谁都能轻松
制作简约优美的北欧风家具

　　不知不觉间，北欧风家具已深入我们的日常生活，特别是在重视实用性及个人品味的 20~40 岁女性中，拥有极高的人气。不过因北欧风家具本就属于高价商品，再加上在韩国售卖的店家并不多，故实际上想要将北欧风家具搬进家里也不是那么容易的事。本书所介绍的北欧风家具皆是只需要最基本的工具就能够轻松制作出来的。

　　近来，市场上出现了许多关于自行设计与制作木工的书，不过这些木工 DIY 的书多有让人看了便会欣羡不已的设计，但在凸显亲自着手打造的情感层面上略显遗憾。本书则是以韩国人喜爱的北欧风格为基础并加以改良，介绍了 31 种简约又实用的北欧风家具。每种家具都会说明所需的工具和材料，并详细讲解制作过程，制作者只需按照步骤便能轻松地制作出想要的北欧风家具了。现在就和作者一起，尝试把我们的家改造成北欧风格吧！

SCANDINAVIAN STYLE

SIMPLE AND MODERN SCANDINAVIAN FURNITURE

目录

CONTENTS

Lesson 2　造型简约优美的
北欧风家具制作

凡例

·本书所提出的制作方法及制作过程可能会因各种操作的变数而与实际情况有所不同。

·本书中的制作费用一栏仍保留使用韩元单位。1 000 韩元 ≈ 5.5 人民币。

制作北欧风家具之前，
必知的大小事

制作北欧风家具的
基本工具和用品

从事家具 DIY 作业必备的基本工具和用品皆集中于此。在制作前要了解和熟知各种基本工具和用品的功用。除了 DIY 作业，这些工具也可用于平时的房屋修缮或维护。

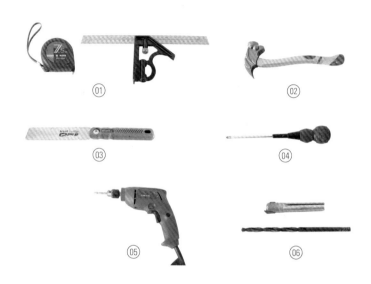

01 **卷尺和组合角尺**　测量尺寸的基本工具，是进行 DIY 作业时必需的工具。测量弹性佳且柔软的物品时可选用卷尺；组合角尺则用于需要对准角度的时候，另在固定或切割木材时也会用到。

02 **锤子**　制作家具时多使用铁锤或橡胶锤。钉钉子或拔钉子时会使用铁锤，而在嵌入木钉或组装木材时则常使用橡胶锤。

03 **双面锯**　双面锯的刀刃薄且弹性好，有着能够干净利落地裁切木榫或木钉的功能。若遇到双面锯难以切割的部分，可使用裁切曲线部位的线锯机，以及利于切割畸零木榫的小锯子。

04 **十字螺丝刀**　在锁紧或松开螺丝时常使用到的工具。

05 **有线电钻**　将插头插上即可使用的电钻，多用于在木头或金属上钻孔。此外，还有充电式电钻，在锁紧螺丝或在木材上钻孔的重复性作业中常使用到。

06 **沉孔钻头**　沉孔钻头是在一般钻头之上再套上一个大一号的刀刃，由两者结合而成。常用来嵌入螺丝和木钉的洞。

07 **木工黏着剂**　用于粘贴木材、布料、纸等材料。木工黏着剂的黏着力强，且干燥时间短，因此在家具、木工及建筑方面被广泛地使用。

08 **硅氧树脂 (硅利康)& 密封胶枪**　将硅氧树脂 (硅利康) 装入密封胶枪后，用来黏合玻璃或填补缝隙。

09 **直角夹 &L 型夹钳**　在锁上螺丝之前扮演着固定木材的角色。

10 **修枝剪 & 钳子**　多用于去除码钉、钉子，或是剥除电线绝缘皮。

11 **木钉**　又称木塞，具有隐藏螺丝钉头部的功用。

12 **油漆刷 & 滚筒刷**　给家具上油漆时常会用到油漆刷和滚筒刷。上漆面积大时使用滚筒刷，上漆面积小且需要精细作业时使用油漆刷。

13 **遮蔽胶带**　利用遮蔽胶带可以遮蔽不想上漆的部分。

14 **石膏**　遇到不易上漆的材质时，用来帮助油漆轻松上色的材料。不建议一次上一层很厚的漆，应分成多次，每次上薄薄一层即可。

15 **亮光漆**　上完油漆后再涂上亮光漆，便能使木材变得光滑，使家具有防水效果，亦可防止掉漆或褪色。上亮光漆一般是上漆的最后一项作业。

16 **刨角器**　又称倒角刨，可打磨粗糙的边角部分。

17 **线锯机**　以短直线或曲线来裁切木材。

18 **电动钉枪**　省去用钉子一一地将木材固定在一起的麻烦，一般用来暂时固定木材。

让工具得心应手的
使用方法

　　掌握了工具的使用方法，使用时才能得心应手，作业才能准确无误，事半功倍。只要能熟记所介绍用品的使用方法及其特征，制作家具便等于成功了一半！

1　使家具变得平整光滑且温润细腻的
　　刨角器和砂纸

　　制作的家具若是看起来过于粗糙，或是触感不舒适，亦无用武之地。刨角器和砂纸可使家具变得平整光滑且温润细腻，运用刨角器和砂纸的技巧关系着刨削和打磨作业的好坏，也将使上漆完成度有所差异。因此，让我们一起来学习它们的使用方法吧！

刨角器的使用方法

将刨角器轻轻地贴在边角部分之后，朝同一个方向推。在进行组装前刨理木材时，手腕无须用力，只要轻柔地刨削；对于已完成组装的木材，则需稍微加强手腕力道即可。进行刨削作业时必须戴上棉质工作手套。以砂纸打磨时，木材仍有粗糙感，请务必戴上棉质工作手套。

戴上棉质工作手套后，将刨角器轻轻地贴在边角部分。　　手腕无须出力，轻柔地进行刨削。

更换刀片的方法

刨角器所使用的刀片可以在文具店里购得。更换刀片时，用螺丝刀朝逆时针方向卸除固定住刀片的螺丝，安装新刀片，接着将螺丝放入螺丝孔中，用螺丝刀朝顺时针方向锁紧固定即可。

砂纸的使用方法

1

准备木材及砂纸。

2

以砂纸将木材卷起来。

3

手腕无须出力，轻柔地进行打磨。

> **✎ TIP**
>
> 利用砂纸打磨时请务必戴上棉质工作手套。在原木上打磨时，手腕要用力；着色或上漆后修整表面时，手腕无须用力即可。

2 DIY的核心工具 电钻

电钻是我们的好帮手，无须花费很大的力气，就能凿出很深又很工整的孔。它也是在 DIY 作业中不可或缺的工具。虽然电钻的用途很广泛，但是在实际生活中，我们亲手使用的次数却不多。不过只要操作几次，便能掌握电钻的使用技巧。真是省时省力又方便的工具！

电钻的种类

电钻的种类很多，尺寸和价格也有着各种差异。DIY作业时主要使用的是有线电钻，只要插上电源就能使用，可用来在木材、钢材或塑料上钻孔。充电式电钻没有电线，因此没有使用环境的限制，在任何空间皆可使用。电动锤钻则用于水泥墙或其他坚硬墙面的钻孔，但是锤钻体积大，质量重，因而使用起来很吃力。

选择钻头

只要准备两种木工作业必需的钻头，DIY作业就会省力许多。这两种钻头即为可隐藏木钉或螺丝钉头部的沉孔钻头，以及各种木材皆适用的十字钻头。只要准备好这两种钻头，就可完成一般的DIY作业。

更换沉孔钻头

<取下沉孔钻头>

沉孔钻头套筒

沉孔钻头

以钳子夹住沉孔钻头（3mm钻头）后，用手抓住套在沉孔钻头上的沉孔钻头套筒，并左右晃动将之取下。

<装上沉孔钻头>

使用时将沉孔钻头（3mm钻头）插入沉孔钻头套筒即可。插入时以一只手抓住套筒，将沉孔钻头以顺时针方向旋转插入即可。

固定钻头

钻头夹头

1

确认钻头夹头的位置，并取下。

钻头夹头固定处

2

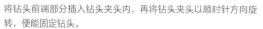

将钻头前端部分插入钻头夹头内，再将钻头夹头以顺时针方向旋转，便能固定钻头。

3　裁切木材的万能王牌　线锯机

裁切木材时主要靠锯子，但如果有线锯机的话，则会让裁切工作变得更加简单、方便。无论是想将木材裁切成直线，还是裁切成曲线，线锯机都能胜任，虽然会产生震动及噪音，但是极为方便。

线锯机的种类

为了应对不同的裁切情况，需要安装不同种类的线锯机锯条。想要裁切曲线时，使用曲线用锯条；想要裁切直线时，则使用直线用锯条。

取下线锯

将螺丝刀插入线锯机上方的凹槽内，朝逆时针方向旋转以卸除螺丝。

将锯条以顺时针方向扭转90度后即可取下。安装锯条时则与上述方法相反。

用线锯机裁切木材的方法

将锯条紧贴着木材。

重复按着和放开按钮的动作切割木材。

> **TIP**
>
> 裁切木材时，比起持续按着按钮进行裁切，重复按着和放开按钮的动作进行裁切更为精确。

4 减少 DIY过程中的烦琐作业　电动钉枪

电动钉枪能够省去用钉子一一地将木材固定在一起的麻烦，一般用来暂时固定木材。若能熟知电动钉枪的使用方法，作业过程将会更加简单、有趣。

电动钉枪的使用方法

插上插座，打开位于电动钉枪后侧的电源开关后即可使用。将码钉放入电动钉枪的底部，就能将码钉钉在想要钉的位置上。码钉的长度有1cm、1.5cm、2cm、2.5cm、3cm等，可依据木材的厚度来选用码钉。让电动钉枪与想要钉的木材呈直角状态，按下扳机即可。在按下扳机时，为了不让电动钉枪产生晃动而需要用力稳住。使用时必须要注意安全，码钉没有钉在木材上，则有可能会往旁边弹射出去。钉完后可以用锤子敲打未完全钉好的码钉。

更换码钉

1

取下放置码钉的匣子。

2　　　　　　码钉放置处

放入码钉后，将匣子重新推回装好。

⌀ TIP

更换码钉的时候，应先按下位于电动钉枪后侧的扳机锁，再拿下放置码钉的匣子。放入选用的码钉后，将匣子重新推回、装好即可。

5 提高家具制作的完成度 着色剂

着色剂具有给木材染色的作用，能够预防木材发霉或潮湿，还可以呈现出木材的自然质感，提高DIY作业的完成度。现在开始认真学习着色剂的使用方法吧！

着色剂的使用方法

涂着色剂前，先用400号的砂纸打磨整块木材纹路。打磨后再以微湿的布擦掉木材表面的木屑。

将水装入喷雾瓶中，朝整块木材表面及海绵喷1~2次。

用海绵蘸上着色剂，均匀地涂抹在木材上。注意不要留下污痕或着色不均。

将**3**风干至少4个小时，直到完全干燥。

待**4**完全干燥之后，再次使用400号砂纸打磨整块木材，并以干的布擦拭表面。

将水装入喷雾瓶中，朝海绵喷1~2次后，将海绵蘸上着色剂，再涂抹一次。注意不要留下污痕或着色不均。

> ✐ **TIP**
>
> 用着色剂上色不是只上一次，可先上色一次，待完全干燥后再上第二次，重复此法，直至创作出自己想要的颜色。

北欧风家具的核心——木材

从事改造和 DIY 作业的人都怀有做出自己喜爱的家具的想法。在制作家具时，最重要的是木材的选择。对于该使用何种木材、木材有何特性等问题，许多人都茫然不知，并感到苦恼。为了大家都能做出满意的家具，在正式制作家具之前，先让大家了解几种木材的特征及其用途。

云杉

云杉(松树的一种)是带有白色或黄色的褐色木材。质地粗糙且柔软，易于弯曲，很适合用来制作家具。它的纹路漂亮，是最常用的木材。

集成木

集成木是将原木裁切成一定的大小后黏在一起，再加工为大面积的木材，有松树集成木、红松集成木、杉树集成木等。在家具制作DIY作业之中最常使用此种木材。它常作为楼梯材料或木造房屋的装修材料，可以执行任何天马行空的设计制作，从初学者到专家皆可使用。

杉树集成木

杉树耐潮且带有香味，因此人们对它有所偏好，常选它作为制作家具的木材。一开始呈现浅褐色，随着时间流逝，颜色会逐渐加深。因其耐潮特性，以杉树集成木制成的家具，夏天不用使用除湿剂。不过其表面较软，容易产生刮痕。

MDF

MDF是Medium Density Fiberboard(中密度纤维板)的缩写，为人工制成的木材。因其为人工制造，因此可制成各种不同的厚度；表面光滑且纹路规则，涂上亚克力漆后即会呈现出和塑胶表面相同的光亮平滑效果。但若是设计不良，则将可能产生弯曲，需要特别注意这个问题。

树节夹板

树节夹板是将单薄的原木如三明治般黏合而成的一种材料。因其隐约具有原木感，因此常用于原木家具的背面或是墙面装潢。此木材弥补了木头在湿度高的环境中会收缩变形的缺陷，其表面亦能承受外力重击。

集成角材

集成角材为正方体或长方体形状的木材，主要用于制作家具的脚部或床架。

S.P.F结构材

S.P.F结构材是指由Spruce(云杉)、Pine(松树)、Fir(冷杉)混合而成的集合木材名称。S.P.F结构材主要是作为木造房屋的结构材料，质地有些粗糙，但材质坚硬，价格低廉。

使家具增添美感的
上漆工艺

上漆可使家具线条更加明快，颜色更加柔和。下面让我们一起来学习上漆的方法以及油漆的选择与调色方法。

上漆的方法

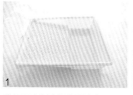

1

准备可盛放油漆的油漆盘、免洗容器、不用的碗等。

2

将油漆倒在油漆盘上，事后清洗会很不便，可先铺一层塑料膜。

3

将油漆盘以塑胶膜包覆之后，在背面打结。

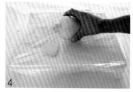

4

把要使用的油漆倒在油漆盘的凹陷处。

5

上漆之前，把油漆刷刷毛约 1/2 部分浸湿。

6

用布去除刷毛水分后，将刷毛 1/3~2/3 的部分蘸上油漆。

7

上漆面积大时使用滚筒刷，边角处或细微处则利用油漆刷，沿着木材纹路方向（同一个方向）上漆。

Tip 沿着木材纹路方向上漆，才会平整、均匀。

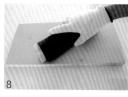

8

上漆后至少需要 4 小时才能完全干燥。待完全干燥后，用 400 号砂纸沿着木材纹路打磨表面，再用布擦去砂纸屑。

Tip 若砂纸屑就像橡皮擦屑一样，即表明尚未达到完全干燥。

9

重复前述方法，直到刷出自己想要的颜色为止。

Tip 建议多次上色以涂出个人想要的颜色。油漆刷和滚筒刷在使用后必须立即用水清洗并阴干，才能延长其使用寿命。

挑选优质油漆的方法

油漆可分为水性漆和油性漆两种。油性漆的味道强烈，在家中使用不方便，因此建议使用水性漆。选用无毒性环保水性漆，在上漆后能让人感到安心。选择油漆时请先确认VOC含量，即挥发性有机化合物含量，VOC含量少的产品是挥发性有机化合物数值低的产品。此外，如果不知道挑选哪种颜色的话，那么可先浏览油漆行提供的油漆颜色目录，挑选好喜欢的颜色后，以色号订购即可。

油漆调色

把所有想要颜色的油漆全部购入，的确会有些困难，但自行调出想要的颜色是一个好方法。为小型物品上漆，可先使用亚克力颜料上色后，再上层亮光漆。

油漆调色剂的使用方法

油漆调色剂可在油漆行购得。只要加入一点点油漆调色剂，颜色的变化便会很剧烈，因此，请少量、多次地加入，方便调整颜色。

调色的方法

1
准备透明的玻璃容器。在容器内放入白色油漆后，加入油漆调色剂或亚克力颜料。

2
为了使油漆调色剂和油漆彻底混合，可利用免洗小匙进行搅拌。油漆调色剂使用量不得超过油漆量的5%。

3
调色后的油漆无法立即使用，盖上瓶盖后于常温下放置一天左右方能使用。

调整彩度

拿蓝色油漆调色剂与白色油漆混合后而产生天蓝色油漆来说，若想要呈现的颜色更深、更沉静，可利用黑色、褐色油漆或亚克力颜料以降低彩度。若想要呈现晴朗、明亮的天蓝色，则可使用天蓝色油漆或亚克力颜料以提高彩度。

关于网络木工工作室

如果未接受过专业教育，那么独自学习 DIY 作业是很辛苦的一件事，像木材该在哪里购买、该如何委托木工工作室等让人挂心的问题实在不止一两件。不过自行制作家具绝对不是困难的事，准备好了前述所介绍的基本工具之后，再委托网络木工工作室，便能轻松地制作出个人想要的家具。在正式进行家具制作 DIY 作业之前，先了解一下网络木工工作室的使用方法。

网络木工工作室的使用方法

近来，关于家具制作的DIY材料的网站有很多，初学者能够随时订购自己想要的材料。建议第一次尝试制作家具的人可购买DIY网站所售卖的半成品，然后自行组装。半成品是以家具组装完成前的零件状态来售卖的，取得半成品后只需组装即可，就算是初学者也能轻松完成。

1.将家具设计图画在纸上　在订购材料前，要先将自己想要制作的家具画在纸上。不需要画得多细致，只要将家具的整体尺寸标示清楚，将家具的正面、侧面、上面、背面等部分画出来即可。不过嵌入家具的抽屉或门板的尺寸也要标示清楚才行。

2.决定个数、尺寸及厚度　决定制作家具所需要的木材种类、厚度、长度、铰链设置方式、抽屉是否安装导轨等问题之后，再委托网络木工工作室制作即可。

3.针对不好画出来的困难部分直接说明　针对不好画出来的部分，可直接打电话联络网络木工工作室，口头说明即可。

> **⊘ TIP**
>
> 在网络木工工作室订购的材料是按照材料进行分类的。因此，要按照说明书，首先对家具每个部分所需的材料进行分类，这么一来才能简单地进行组装。

造型简约优美的
北欧风家具制作

制作置物柜,
习得DIY基本功

　　在正式制作家具之前,先尝试制作置物柜。只要能够掌握置物柜的作业过程,那么无论是个人想要制作的家具,或是接下来本书所介绍的北欧风家具皆可随心所欲地制作。因为置物柜的作业技法可以说是制作其他家具的基本功,因此,要认真学习,并熟练掌握这些技法。

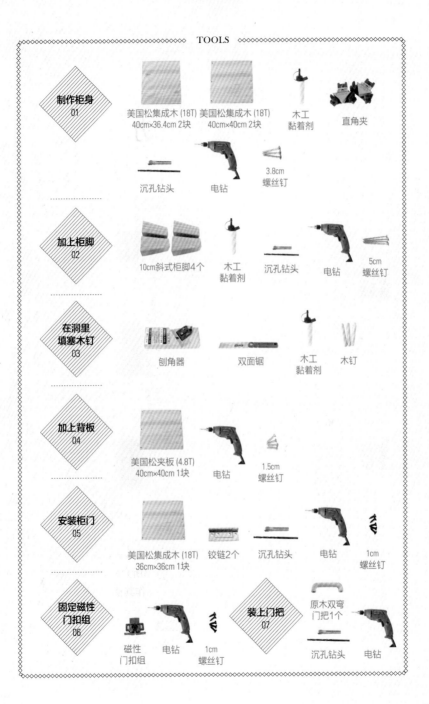

制作柜身 01

美国松集成木 (18T)
40cm×36.4cm 2块

美国松集成木 (18T)
40cm×40cm 2块

木工黏着剂

直角夹

沉孔钻头

电钻

3.8cm
螺丝钉

加上柜脚 02

10cm斜式柜脚4个

木工黏着剂

沉孔钻头

电钻

5cm
螺丝钉

在洞里填塞木钉 03

刨角器

双面锯

木工黏着剂

木钉

加上背板 04

美国松夹板 (4.8T)
40cm×40cm 1块

电钻

1.5cm
螺丝钉

安装柜门 05

美国松集成木 (18T)
36cm×36cm 1块

铰链2个

沉孔钻头

电钻

1cm
螺丝钉

固定磁性门扣组 06

磁性门扣组

电钻

1cm
螺丝钉

装上门把 07

原木双弯门把1个

沉孔钻头

电钻

● **厚度**

本章节所介绍的置物柜是利用18T的木材制成的。T是指木材的厚度，当成和mm(毫米)相同的概念即可。举例来说，18T便是厚度18mm，12T则是12mm。

● **尺寸&裁切**

以18T木材，制作尺寸为40cm×40cm×40cm的立方体置物柜为例：

1. 顶板&底板：40cm×40cm

2. 侧面板：40cm×36.4cm

侧面板尺寸之所以不同的理由：侧面板在构造上将与顶板、底板彼此接合，因此，要扣除接合部分的厚度。木材厚度为18mm→1.8cm，顶板和底板厚度共为1.8cm×2=3.6cm，即40cm-3.6cm=36.4cm，故需裁切成40cm×36.4cm。

3. 柜门：36cm×36cm

如果柜门不是嵌入置物柜内的构造，则尺寸应与顶板、底板相同；反之，如果柜门为嵌入置物柜内的构造，则应该要扣除柜身4面的厚度，即木材厚度为18mm→1.8cm，顶板和底板厚度共为1.8cm×2=3.6cm，即40cm-3.6cm-0.4cm(预留空间)=36cm，故需将柜门裁切成36cm×36cm。

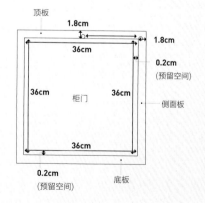

01　制作柜身

1　画出个人想要制作的置物柜之后，决定好使用何种种类及厚度的木材来进行制作。

2　利用沉孔钻头，事先在所有木材上钻出螺栓孔。

Tip　在正式开始组装之前，要先以沉孔钻头钻出螺栓孔，因为将螺丝直接锁入木材里，木材很容易裂开或产生裂痕。以沉孔钻头钻出螺栓孔后再锁上螺丝，木材不易裂开，而且组装时也更安心、更干净。

Tip　若涂了过多的木工黏着剂，则组装时会溢出来，因此涂上适当的量即可。万一木工黏着剂溢出，必须尽快用湿纸巾擦拭溢出的部位至干净。

3　在美国松集成木(18T)40cm×36.4cm的横向侧边涂上木工黏着剂。

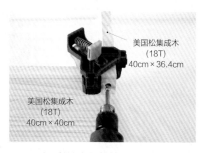

美国松集成木
(18T)
40cm×36.4cm

美国松集成木
(18T)
40cm×40cm

4 经由2所钻出的螺栓孔，以"凵"形与美国松集成木(18T)40cm×40cm接合在一起。使用直角夹固定后，将3.8cm螺丝钉锁入2以沉孔钻头事先钻好的螺栓孔内，再次加强固定。

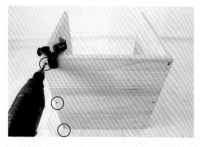

5 另一块美国松集成木(18T)40cm×36.4cm也按照同样方法，在横向侧边涂上木工黏着剂。

6 运用和4相同的方法，将美国松集成木(18T)40cm×36.4cm固定后，呈现"凵"形。

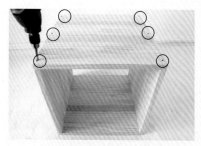

7 将6放倒后，于两端上侧处涂上木工黏着剂。

8 将美国松集成木(18T)40cm×40cm与6接合在一起后，将3.8cm螺丝钉锁入以沉孔钻头所钻好的螺栓孔内，并固定好。

02　加上柜脚

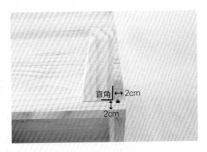

直角 ←→2cm
2cm

9 用铅笔在8的底部距离边角约2cm的位置做下记号后，将10cm斜式柜脚的直角部分朝向外侧的位置。

10 在斜式柜角较宽的一面涂上木工黏着剂。

11 完成

将10黏在9上之后，在与斜式柜脚较宽面接合的部位，以沉孔钻头于内侧钻出螺栓孔，再使用5cm螺丝钉固定住柜脚。利用上述方法将4个柜脚都加以固定。

03　在洞里填塞木钉

12　以刨角器磨整边角处。

13　在螺栓孔中挤入木工黏着剂(用量为木钉塞入后不会溢出为宜)。

14　将木钉塞进13里，再利用双面锯将
完成　凸出来的部分平整切除。

04　加上背板

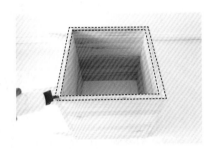

15 在背板黏合处涂上木工黏着剂后，将美国松夹板(4.8T)40cm×40cm黏上去。

16
完成
用1.5cm螺丝钉在每隔10~15cm的位置再次加强固定。

Tip　涂上木工黏着剂后，为了不让木材晃动或移位，建议先利用直角夹固定，再锁上螺丝。

05　安装柜门

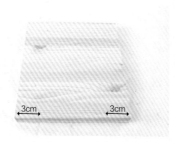

17 在美国松集成木(18T)36cm× 36cm的一横向侧边处，用铅笔于距离边角约3cm的位置做下记号。

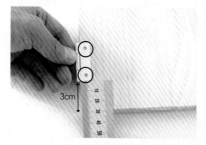

18 在17做记号处的后面放上铰链，并标示出螺栓孔的位置。

19 用沉孔钻头在18标注的螺栓孔的位置处钻孔。

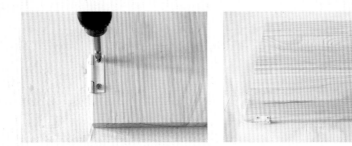

20 将铰链对准19所钻好的孔放好，用1cm螺丝钉加以固定。

21 量好18柜门与9柜身的位置，展开铰链，并以1cm螺丝钉固定。
完成

06　固定磁性门扣组

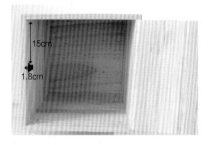

22 将柜身用磁性门扣置于柜身内距离侧边1.8cm、顶板15cm的位置，并以1cm螺丝钉安装好。

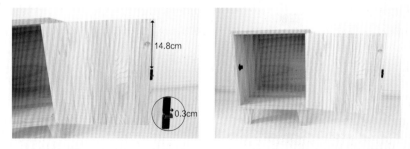

23 完成　将柜门用磁性门扣置于距离柜门外侧0.3cm、上端14.8cm的位置，并以1cm螺丝钉安装好。

Tip　磁性门扣组分成需固定在柜门上的磁性门扣，以及需固定在柜身上的磁性门扣两部分。

07　**装上门把**

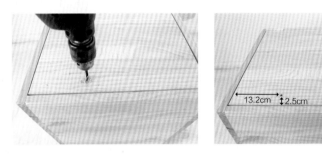

13.2cm　2.5cm

24　在柜门上标示出距离侧边2.5cm、顶板13.2cm的位置。

Tip　安装门把的直向位置，是依照公式 [欲装上门把的柜门尺寸(36cm)-门把两端的间隔(9.6cm)]÷2=13.2cm所计算出来的。

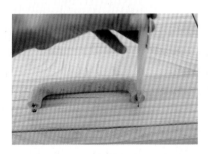

25　先钻好一个螺栓孔，将门把放在旁边对照一下，借以标示出另一端的螺栓孔。

26　用沉孔钻头钻好孔之后，装上门把，并以2.5cm螺丝钉从柜门内侧固定。
完成

Level I
1

用纸盒制成的北欧风时钟

　　漂亮的纸盒被稍微地整理加工后，即可重生成为独一无二的室内装饰小物。差点沦为垃圾被丢弃的纸盒，是如何变身成帅气简约的时钟的呢？让我们一起来看看吧！

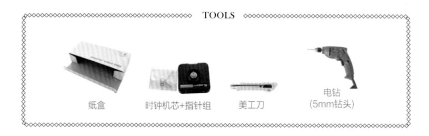

TOOLS

纸盒　　　时钟机芯+指针组　　　美工刀　　　电钻（5mm钻头）

1　利用5mm钻头在欲安装时钟的位置上钻好孔后，将铅笔放入孔中轻轻地转动以稍微扩大该孔。

2　依顺时针方向，把附在时钟机芯背部的圆形螺丝卸下。

3　将时钟机芯螺丝卸下后，将凸起的部分从纸盒内部对准1的孔，并穿出来。

4　把纸盒放倒后，用美工刀去除孔洞周围杂乱的部分。

5　在时钟机芯凸起部分装上2的螺丝后，以逆时针方向将之锁紧。

6　在5上按照"时针-分针-秒针"的顺
完成　序进行组装。

活跃厨房气氛的储物篮

请尝试将资源回收场里轻易可见的篮子稍加整理，再在篮里铺上漂亮的布，即可变身为美观的装饰品，还可作为厨房的收纳篮噢！

TOOLS

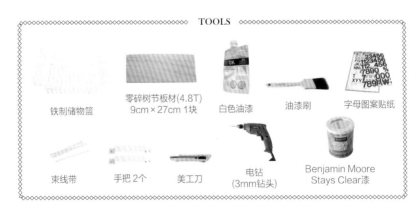

铁制储物篮　　零碎树节板材(4.8T)　　白色油漆　　油漆刷　　字母图案贴纸
　　　　　　　　9cm×27cm 1块

束线带　　手把2个　　美工刀　　电钻　　Benjamin Moore
　　　　　　　　　　　　　　　(3mm钻头)　　Stays Clear漆

1　将零碎树节板材(4.8T)9cm×27cm刷上一层白色油漆。等待5~6个小时完全干燥后再刷一次。

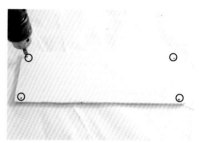

2　利用3mm钻头在角落处钻出4个孔。

3　从字母图案贴纸中选出想要的字母，贴在2上。

4　利用束线带，将木板固定在储物篮的正中央。

5　用束线带将手把固定于储物篮的两边，并运用美工刀修饰杂乱的部分。

6　在板材上刷上一层 Benjamin Moore Stays Clear漆。等待5~6个小时完全干燥后再刷一次。
完成

金属毛巾架

　　若想让单调无奇的浴室焕发活力，那么请试着制作一个闪闪发光的金属毛巾架吧。用锌板作为毛巾架的载体，将想要对家人说的话用字母贴纸呈现出来，这样的毛巾架既闪亮又温馨。

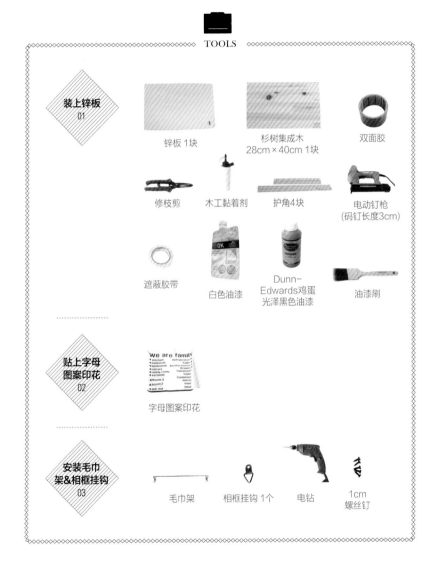

TOOLS

装上锌板
01

锌板 1块

杉树集成木
28cm×40cm 1块

双面胶

修枝剪

木工黏着剂

护角4块

电动钉枪
(码钉长度3cm)

遮蔽胶带

白色油漆

Dunn-
Edwards鸡蛋
光泽黑色油漆

油漆刷

贴上字母
图案印花
02

We are family

字母图案印花

安装毛巾
架&相框挂钩
03

毛巾架

相框挂钩 1个

电钻

1cm
螺丝钉

金属毛巾架

01　**装上锌板**

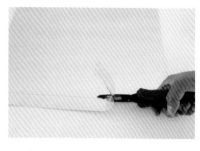

1　将锌板裁切成与杉树集成木(28cm×40cm)相同的尺寸。

2　沿着杉树集成木的四周贴上双面胶。

3　撕下2的双面胶表层，将锌板贴上。

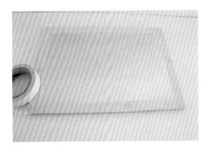

4 沿着3的四周贴上遮蔽胶带，在侧边处涂上木工黏着剂。

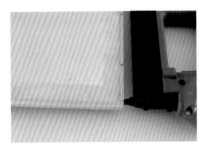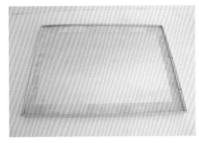

5 贴上护角，以装有3cm码钉的电动钉枪进行固定。

6 给护角部分刷上两次Dunn-Edwards鸡蛋光泽黑色油漆。待油漆干燥后即可撕下遮
完成 蔽胶带。

02　**贴上字母图案印花**

7　撕下字母图案印花组所附的辅助贴，将之贴在字母图案印花上面。

8　确认字母图案与辅助贴已安全粘贴在一起之后，撕下辅助贴。

9　将8贴在锌板上，再撕除辅助贴。
完成

金属毛巾架

03　**安装毛巾架&相框挂钩**

10　用1cm螺丝钉将毛巾架固定在想要的位置上。

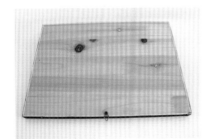

11　将10翻到背面，横放，在上端正中央处安装上相框挂钩，并以1cm螺丝钉固定。
完成

复古风笔筒

　　这件复古风笔筒制作费用低廉，制作方法简单，只需10分钟就能制作完成。比起市面上的笔筒，不论是放在孩子的书桌上，还是放在客厅茶几上，都很有感觉。

TOOLS

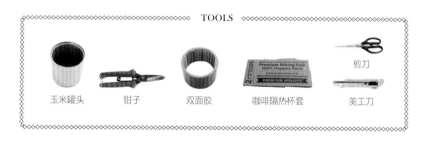

玉米罐头	钳子	双面胶	咖啡隔热杯套	剪刀
				美工刀

1　清除玉米罐头的标签后清洗干净，并静置一旁待其完全干燥。用钳子按压罐头开口处的锯齿，使之平整、圆滑。

2　在玉米罐头的表面贴上双面胶，并用美工刀平整地裁切杂乱部分。

3　以剪刀修整咖啡隔热杯套。

4　撕下2的双面胶塑料层。

5　将3贴在4上。

6　以美工刀裁切咖啡隔热杯套的多余部分。
完成

以壁饰壁纸制作的欧风画框

应该有许多人想要在客厅墙面挂上呈现美好意象的画框，营造出画廊般的氛围，不过大部分人皆因价格昂贵而望之却步。笔者也是这样的。既然如此，那么就尝试制作一个欧风画框吧！利用壁纸，就可以制作出各种风格的画框，而且无论是谁都可以轻松地跟着做。除了壁纸之外，利用印花布料或照片也是可行的。

TOOLS

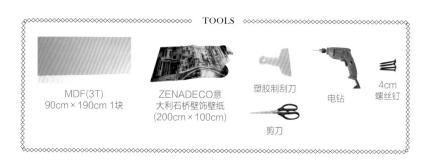

MDF(3T)
90cm × 190cm 1块

ZENADECO意
大利石桥壁饰壁纸
(200cm × 100cm)

塑胶制刮刀

电钻

4cm
螺丝钉

剪刀

尺寸　190cm×90cm　　　　难易度　★☆☆☆☆　　　　费用　55 000韩元

1 在MDF(3T)90cm × 190cm上贴壁纸之前，先将想要的图案壁纸摆放于MDF的正中央，以四周皆预留比MDF多5cm的基准进行裁剪。

Tip　ZENADECO意大利石桥壁纸是贴纸的形式，使用极为便利。

2 利用塑料制刮刀粘贴壁纸，一点一点地撕下壁纸背面的背纸。

Tip　撕下背纸、粘贴壁纸时，为了不产生气泡，要利落地进行作业，边推，边撕。

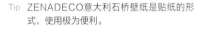

3 将2翻到背面，将预留空间部分入内折并粘起来。

4 以4cm螺丝钉将画框固定于墙上。
完成

简约风格的房门挂牌

　　用零碎木材制成的房门挂牌，无论是贴在门上，还是作为装饰挂在客厅或房间内，都是室内的一大亮点。当家里气氛显得呆板无趣时，就一起来制作几个简约风格的房门挂牌吧！

TOOLS

| 美国松集成木 (12T) 7cm×21cm 2块 | 字母图案印花 | 剪刀 | Benjamin Moore Stays Clear漆 | 油漆刷 |

1　用剪刀剪下字母图案印花中需要用到的部分。

2　将辅助贴裁剪成与1相同的大小。

3　撕下辅助贴的背纸，将透明的辅助贴贴在1上之后，再将辅助贴撕下。

Tip　撕下辅助贴，字母图案印花上的文字将会粘贴在欲粘贴处。

4　将3贴在美国松集成木(12T)7cm×21cm上之后，用手按压并固定之。

5　撕下辅助贴。

6　用油漆刷在5表面刷上一层Benjamin
完成　Moore Stays Clear漆，待其完全干燥
后再刷一次。

用花盆制作的伞桶

　　尝试以花盆制作伞桶。大部分人的家里大概都会有闲置一旁的花盆，将遮蔽胶带贴在花盆上，上漆之后，将花盆摆放在玄关，即可让整体氛围立即变得轻松惬意起来。若没有花盆，也可以用垃圾桶或塑料桶代替。

TOOLS

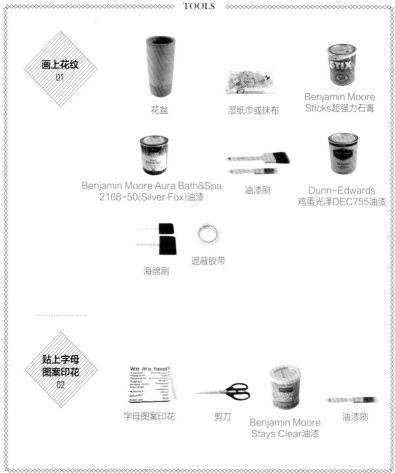

画上花纹
01

花盆

湿纸巾或抹布

Benjamin Moore
Sticks超强力石膏

Benjamin Moore Aura Bath&Spa
2108-50(Silver Fox)油漆

油漆刷

Dunn-Edwards
鸡蛋光泽DEC755油漆

海绵刷

遮蔽胶带

贴上字母
图案印花
02

字母图案印花

剪刀

Benjamin Moore
Stays Clear油漆

油漆刷

用花盆制作的伞桶

01　**画上花纹**

1　用湿纸巾或抹布擦掉花盆上的灰尘。

2　在1上刷上Benjamin Moore Sticks超强力石膏，静置约一天，待其完全干燥后再上一次石膏。

3 在2上刷一层Benjamin Moore Aura Bath&Spa 2108-50(Silver Fox)油漆，静置约一天，待其完全干燥后再上一次漆。

4 用遮蔽胶带在3上贴出想要的花纹。

5 用海绵刷在4上刷上一层Dunn-Edwards鸡蛋光泽DEC755油漆，静置约一天，待其完全干燥后再上一次漆。

Tip 亦可运用亚克力颜料来取代本漆。

6 油漆干了之后，即可撕下遮蔽胶带。

完成

用花盆制作的伞桶

7 剪下字母图案印花中需要用到的部分之后，将辅助贴贴在其正、反面。

8 将7对准辅助贴的标线，并利用剪刀工整地剪下。

02　贴上字母图案印花

9 撕下字母图案印花的背纸后，将之贴在你想要的位置上。字母图案印花贴好之后再撕除辅助贴。

10 把整个花盆刷上Benjamin Moore
完成 Stays Clear漆，静置约一天，待其完全干燥后再上一次漆。

用零碎木材做的手机置物盒

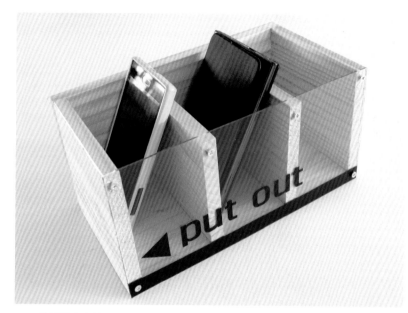

　　利用零碎木材，试着做一个小型的手机置物盒吧！只要有了它，为了找手机而在家中到处奔走的麻烦事将完全消失在日常生活之中。

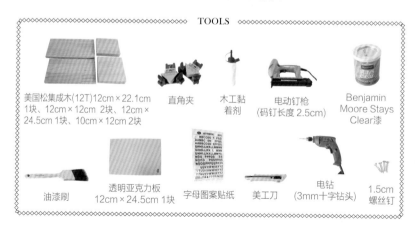

TOOLS

美国松集成木(12T)12cm × 22.1cm
1块、12cm × 12cm 2块、12cm ×
24.5cm 1块、10cm × 12cm 2块

直角夹

木工黏
着剂

电动钉枪
(码钉长度2.5cm)

Benjamin
Moore Stays
Clear漆

油漆刷

透明亚克力板
12cm × 24.5cm 1块

字母图案贴纸

美工刀

电钻
(3mm十字钻头)

1.5cm
螺丝钉

1 将12cm×22.1cm板的两侧边涂上木工黏着剂,竖起2块12cm×12cm板与之黏合。以直角夹锁定后,使用装有2.5cm码钉的电动钉枪进行固定。

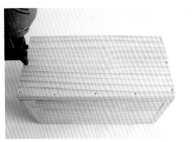

2 在1的前侧涂上木工黏着剂,贴上12cm×24.5cm板。使用装有2.5cm码钉的电动钉枪再次固定。

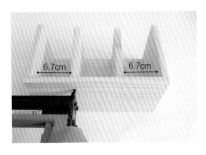

3 把2翻转,将2块10cm×12cm板置于距离两侧6.7cm处之后,在面与面接触部分皆涂上木工黏着剂,黏合后以装有2.5cm码钉的电动钉枪进行固定。

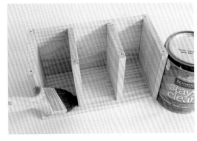

4 整体刷上一层Benjamin Moore Stays Clear漆,静置2~3个小时,待其完全干燥后再上一次漆。

5 于前侧放上透明亚克力板,并利用3mm十字钻头钻出约0.5cm深的孔。

6 在想要的位置贴上字母图案印花,撕下辅助贴。
完成

Tip 订购的字母图案印花组合皆会附有辅助贴。

极简风手提式收纳箱

　　此为用于整理瓶瓶罐罐的调味料和各种食材的收纳箱，放在厨房里，使用起来非常方便。制作出各种尺寸的收纳箱，放在家中各处，非常实用。

TOOLS

制作收纳箱
01

美国松集成木(18T)
23.6cm×25cm 1块

美国松集成木(18T)
23cm×25cm 2块

美国松集成木(18T)
15cm×20cm 2块

云杉原木板材
(19T×19T)20cm 2块

木工黏着剂

电动钉枪
(码钉长度3cm)

400号砂纸

L型夹钳

上漆
02

遮蔽胶带

Dunn-Edwards
鸡蛋光泽DEC772油漆

Benjamin Moore
Stays Clear漆

油漆刷

名牌插槽1个

电钻

1.5cm
螺丝钉

极简风手提式收纳箱

01　**制作收纳箱**

美国松集成木(18T)23cm×25cm

美国松集成木(18T)23.6cm×25cm

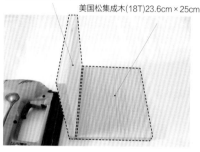

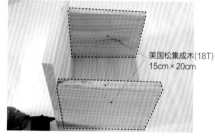

美国松集成木(18T)15cm×20cm

1　在组装之前，所有木材皆先以400号砂纸进行打磨。在美国松集成木(18T)23.6cm×25cm长边与美国松集成木(18T)23cm×25cm长边的接触的部分上涂上木工黏着剂，使两者黏合。使用装有3cm码钉的电动钉枪进行固定。

2　将2块美国松集成木(18T)15cm×20cm竖立，在与1的短边所接触的部分涂上木工黏着剂，并黏合。使用装有3cm码钉的电动钉枪进行固定。

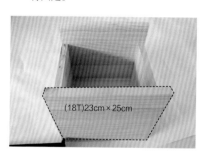

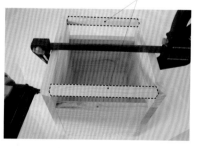

云杉原木板材(19T×19T)20cm

(18T)23cm×25cm

3　竖起美国松集成木(18T)23cm×25cm并置于2的开口侧，在接触的部分涂上木工黏着剂，并黏合。使用装有3cm码钉的电动钉枪进行固定，将整体做成"凵"形。

4　云杉原木板材(19T×19T)20cm对准完成上端的高度，在接触的部分涂上木工黏着剂，并黏合。使用装有3cm码钉的电动钉枪固定以完成手提把。

极简风手提式收纳箱

02 **上漆**

5 在与手提把连接的接触面上贴上遮蔽胶带。这是为了确保给手提把上漆时，油漆不会沾到其他部分。

6 在手提把刷上一层Dunn-Edwards鸡蛋光泽DEC772油漆，待其完全干燥之后继续上漆，直到显现出想要的颜色为止。

7 将整个收纳箱刷上Benjamin Moore Stays Clear漆，静置约一天，待其完全干燥后再上一次漆。

8 在收纳箱前侧那一面的右下角，以
完成 1.5cm螺丝钉固定名牌插槽。剪下杂志或包装盒上的文字，放入名牌插槽中。

质朴感十足的杂志箱

　　运用零碎的木材制成杂志箱。装上手提带利于移动；将箱子的侧边打通，方便拿取或放回杂志。快来制作专属于自己的杂志箱吧!

TOOLS

制作箱体 01

美国松集成木(12T)
10cm × 32cm 1块

美国松集成木(12T)
28cm × 32cm 2块

红松板材 (12T × 12T)
10cm 2块

400号砂纸

木工黏着剂

L型夹钳

电动钉枪
(码钉长度3.5cm)

Dunn-Edwards
鸡蛋光泽DEC772油漆

海绵刷

装上手提带 &商品标签 02

电钻
(1cm钻头)

手提带 2条

剪刀

手工印章

商品标签

质朴感十足的杂志箱

1 在组装之前，将所有木材皆以400号砂纸打磨一遍。

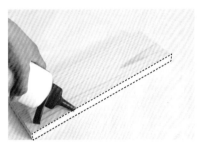

2 在美国松集成木(12T)10cm×32cm的长边上涂上木工黏着剂。

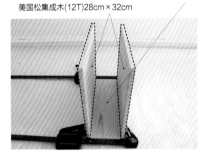

美国松集成木(12T)28cm×32cm
美国松集成木(12T)10cm×32cm

3 竖起2块美国松集成木(12T)28cm×32cm，与2黏合以形成"凵"形，并使用L型夹钳固定。

7~10cm
7~10cm

4 在3使用L型夹钳固定的两侧部分，利用装有3.5cm码钉的电动钉枪，在距离两侧7~10cm的地方进行3~4次固定。

01　**制作箱体**

红松板材(12T×12T)10cm

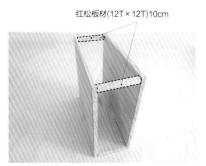

5 将红松板材(12T×12T)10cm分别置于4的上端，使用装有3.5cm码钉的电动钉枪固定。以400号砂纸打磨整体。

6
完成
用海绵刷上一层Dunn-Edwards鸡蛋光泽DEC772油漆，待其完全干燥后再上一次漆。

质朴感十足的杂志箱

7 在6上以1cm钻头在距离两侧10cm、下方5cm处钻两个孔。

8 解开手提带的结。

9 将手提带塞入7的孔中并打结，用剪刀剪去杂乱部分。

02　装上手提带&商品标签

10　准备一个个性的手工印章。

11　将手工印章盖印在右下角。

12　挂上商品标签即完成。
完成

Tip　使用漂亮的商品标签为佳。

用零碎木材制成的挂钩架

　　利用零碎木材能制作成北欧风十足的挂钩架。将其安装在厨房，可以挂抹布、剪刀等各种料理工具；将其安装在洗手间，可以当成毛巾架，极为方便。也可以给挂钩架刷上与家中风格相衬的颜色的漆。

TOOLS

制作挂钩台
01

美国松集成木(18T)
6cm×53cm 1块

云杉板材 (19T × 19T)
53cm 1块

云杉板材 (19T × 19T)
10cm 2块

400号砂纸

木工黏着剂

L型夹钳

电动钉枪
(码钉长度3.5cm)

电钻

Benjamin Moore
Stays Clear漆

油漆刷

安装相框
挂钩
02

1.5cm
螺丝钉

挂钩 3个

相框挂钩 2个

电钻

手工印章

名牌插槽

用零碎木材制成的挂钩架

01　**制作挂钩台**

云杉板材(19T×19T)10cm

美国松集成木(18T)6cm×53cm

云杉板材(19T×19T)53cm

1　所有木材皆要先以400号砂纸打磨一遍。在美国松集成木(18T)6cm×53cm的下方摆放云杉板材(19T×19T)53cm，再将云杉板材(19T×19T)10cm分别置于两侧。

2　将1所有接触的部分涂上木工黏着剂，使用L型夹钳固定约4小时。

3　利用装有3.5cm码钉的电动钉枪再次固定2。

4　整体刷上一层Benjamin Moore Stays Clear漆。

用零碎木材制成的挂钩架

02 安装相框挂钩

5 以1.5cm螺丝钉将挂钩安装在挂钩台上。

6 将5翻转后，运用电钻在两侧短边处安装相框挂钩。

7 在想要的位置盖上手工印章，或是装
完成 上名牌插槽，插入喜欢的标签。

用抽屉做成的托盘

　　将不同的抽屉制作成北欧风十足的托盘，时尚且简约的设计与任何空间都很搭调。用餐巾纸、布料等各式各样的材料进行装饰，还能表现出独一无二的风格。

TOOLS

制作托盘 01

抽屉

钳子

螺丝刀

组合角尺

线锯机

电钻
(1cm钻头)

木材填孔剂(补土)
或Handycoat

400号砂纸

100号&220号砂纸

上漆 02

Benjamin Moore
Sticks超强力石膏

白色油漆

油漆刷

安装把手 03

餐巾纸

木工黏着剂

时尚手把 2个

1cm
螺丝钉

Benjamin Moore
Stays Clear漆

油漆刷

用抽屉做成的托盘

01　**制作托盘**

前侧板

1　用螺丝刀卸下固定抽屉前侧板的内侧
　　螺丝，使前侧板分离。

2　用钳子卸除所有固定抽屉的螺丝和钉
　　子。

Tip　在进入正式作业之前必须将钉子卸除。

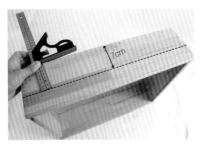

3 在距离抽屉上端7cm的地方画出裁切线。

Tip 大部分抽屉比较深，不适合当作托盘，因此要裁切适合的深度。

4 用电钻于3画出的裁切线的外侧1cm处钻一个孔。

使用直线用锯条切割的部分
（利用100号砂纸整理）

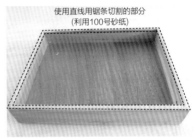

5 用线锯机沿着裁切线进行切割。

6 用100号砂纸将切割面打磨光滑，抽屉的其他部分则用220号砂纸打磨一遍。

7 将木材填孔剂或Handycoat填入2卸除螺丝钉和钉子的孔中。待其完全干燥后，使用
完成 400号砂纸打磨抽屉整体。

Tip 木材填孔剂需要半天左右才能完全干燥，Handycoat则需要约一天的时间。

用抽屉做成的托盘

02　**上漆**

8　用油漆刷在7刷上一层Benjamin Moore Sticks超强力石膏，待其完全干燥后再上一次石膏。

9 完成　待完全干燥后，利用油漆刷刷上白色油漆。上了一层之后，也需待其完全干燥再上一次漆。

用抽屉做成的托盘

03　**安装手把**

10　将木工黏着剂与水按照3:2的比例混合，一点一点地涂在铺着餐巾纸的抽屉内侧。

Tip　若是一次就将木工黏着剂与水混合的液体全都涂上，可能会让餐巾纸移位或破裂，故需一点一点地涂。

11　待餐巾纸干燥后，以卫生纸轻拍使其与抽屉贴合。

Tip　贴合时会出现充满空气的气泡，此时轻轻地拍打，直到空气完全排出为止。

12　用1cm螺丝钉将手把安装在想要的位置上。

13　在贴着餐巾纸的部分刷上一层
完成　Benjamin Moore Stays Clear漆，待其完全干燥后再上一次漆。

欧式置物收纳柜

　　试着制作一个可放在客厅或厨房桌子上的能够收纳许多物品的收纳柜。最下方的抽屉是整个设计的亮点，干净的白色使其看起来简约、大方，与任何空间都很搭调。

TOOLS

制作抽屉
01

杉树集成木(12T)
8.5cm × 27cm 2块
8.5cm × 20cm 2块

美国松夹板(4.8T)
18.5cm × 28cm 1块

杉树集成木(12T)
9.3cm × 29.2cm 1块

木工黏着剂

L型夹钳

电动钉枪
(码钉长度2cm/2.5cm)

刨角器

400号砂纸

制作收纳柜
02

杉树集成木(12T)
21.5cm × 29.5cm 6块

美国松夹板(4.8T)
32cm × 29.5cm 1块

木工黏着剂

电动钉枪
(码钉长度2.5cm)

刨角器

400号砂纸

白色油漆

直角夹

油漆刷

手把 1个

电钻

1.5cm
螺丝钉

Benjamin Moore
Stays Clear漆

海绵刷

欧式置物收纳柜

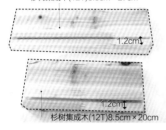

杉树集成木(12T)8.5cm×27cm

1.2cm↕

1.2cm↕
杉树集成木(12T)8.5cm×20cm

1 在2块杉树集成木(12T)8.5cm×27cm
上，距离下侧面1.2cm处各挖出一
个深0.5cm、宽0.5cm的凹槽。以
相同方法，在2块杉树集成木(12T)
8.5cm×20cm上挖出凹槽。

2 在美国松夹板(4.8T)18.5cm× 28cm
的长边，分别插入已挖槽的2块杉树
集成木(12T)8.5cm×27cm，另在其短
边分别插入已挖槽的2块杉树集成木
(12T)8.5cm×20cm，形成"囗"形。
在接触面上涂上木工黏着剂后，使用
L型夹钳固定4个小时左右。

01　**制作抽屉**

3　用装有2.5cm码钉的电动钉枪再次固定。

杉树集成木(12T)
9.3cm×29.2cm

4　将杉树集成木(12T)9.3cm×29.2cm的一面涂上木工黏着剂后,贴在抽屉前侧板上。固定后使用装有2cm码钉的电动钉枪再次固定。

5　利用刨角器磨整边角处之后,再以400号砂纸打磨整个抽屉。
完成

欧式置物收纳柜

02　**制作收纳柜**

7.4cm　9.5cm

6　在杉树集成木(12T)21.5cm×29.5cm
的两端涂上木工黏着剂，各自黏合2
块杉树集成木(12T)21.5cm×29.5cm之
后，距离一侧7.4cm处黏上杉树集成
木(12T)21.5cm×29.5cm，而在距离
另一侧9.5cm的位置黏上杉树集成木
(12T)21.5cm×29.5cm。

7　使用装有2.5cm码钉的电动钉枪再次
固定6。

8　在6的背面的4处接触面上涂上木工黏
着剂。

9　将杉树集成木(12T)21.5cm× 29.5cm
黏合上，使用装有2.5cm码钉的电动
钉枪再次进行固定。

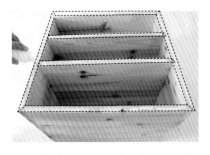 

10 将9转到"目"形的方向，在其上端涂上木工黏着剂，并贴上美国松夹板(4.8T)32cm×29.5cm，用装有2.5cm码钉的电动钉枪进行固定。

11 利用刨角器磨整边角处，再以400号砂纸打磨整个收纳柜。

12 使用海绵刷在11的表面刷上白色油漆，静置2~3个小时，待其完全干燥后再上一次漆。

13 将5放入12的最下方空间后，使用1.5cm螺丝钉在抽屉中央部位装上手把。

14 完成 使用油漆刷在13整体上涂上Benjamin Moore Stays Clear漆，静置2~3个小时，待其完全干燥后再上一次漆。

浪漫满屋的落地灯具

　　有了整体的设计构想，并于五金行购入材料后，便可开始试着制作灯具。商场里昂贵的灯具，若自己手工制作的话，只需付出些许的材料费用即可制作出来。此外还能制作自己想要的风格，这让我不禁感叹："自己动手制作真是太好了！"

尺寸　45cm×140cm　　难易度　★★★☆☆　　费用　50 000～60 000韩元

TOOLS

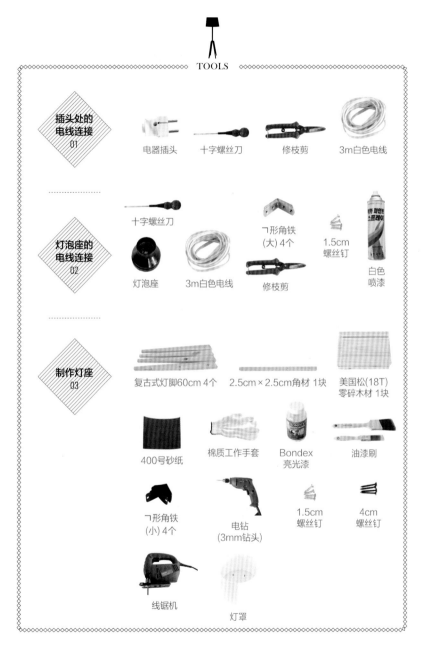

插头处的电线连接 01

电器插头　十字螺丝刀　修枝剪　3m白色电线

灯泡座的电线连接 02

十字螺丝刀　ㄱ形角铁(大) 4个　1.5cm螺丝钉

灯泡座　3m白色电线　修枝剪　白色喷漆

制作灯座 03

复古式灯脚60cm 4个　2.5cm×2.5cm角材 1块　美国松(18T)零碎木材 1块

400号砂纸　棉质工作手套　Bondex亮光漆　油漆刷

ㄱ形角铁(小) 4个　电钻(3mm钻头)　1.5cm螺丝钉　4cm螺丝钉

线锯机　灯罩

浪漫满屋的落地灯具

01　**插头处的电线连接**

※示范插头为韩国当地使用的插头类型

1　用十字螺丝刀卸下位于插头中央处的螺丝，并将插头分解开来。

2　可看到插头内部下端的2个银色螺丝，利用十字螺丝刀将之完全卸下。

3　把准备好的白色电线分成两股。

4 使用修枝剪剥除约1cm长的电线绝缘
皮。

Tip 在剥除电线绝缘皮时,请小心不要将铜线剪
断。

5 把两股剥除了电线绝缘皮的铜线部分
以同一方向旋转搓捻,进行整理。

6 用十字螺丝刀将位于插头上端的两个
螺丝松开约一半的程度。

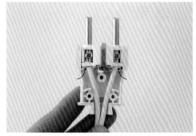

7 将5完全塞进6之后,锁紧螺丝以固
定。

8 把2的螺丝锁回原来的位置,对电线
加以固定。

9 把在1分解的电器插头组合好后,以
完成 十字螺丝刀锁上位于中央处的螺丝。

浪漫满屋的落地灯具

02　**灯泡座的电线连接**

10　时针旋开灯泡座，使灯泡座盖分离。

11　将9中电线的另一端，穿过灯泡座下方的凹槽后并分成两股。

3~3.5cm

12　使用修枝剪在不剪断铜线的情况下，剥除3~3.5cm长的电线绝缘皮。

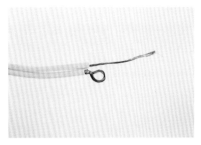

13 把12中两股剥除了电线绝缘皮的铜线以同一方向旋转搓捻后，做成圆圈状。

14 用十字螺丝刀将锁在灯泡座上的螺丝完全卸下。

15 将14的螺丝插入13做成的圆圈状铜线中。

16 把15的螺丝锁回原来的位置，固定好后将灯泡座盖盖上并旋紧。

17 把ㄱ形角铁(大)和1.5cm螺丝钉放在零碎木材上，少量多次地喷上白色喷漆。

Tip 使用石膏和油漆进行上色也很好，不过运用喷漆可以节省时间。

18 确认9和16的电线是否衔接完好。
完成

99

浪漫满屋的落地灯具

03 **制作灯座**

19 用400号砂纸打磨60cm复古式灯脚以及2.5cm×2.5cm角材。

20 用油漆刷在19上刷一层Bondex亮光漆，待完全干燥后再上一次亮光漆。

21 用4cm螺丝钉连结4个ㄱ形角铁(小)。

22 用铅笔在2.5cm×2.5cm角材上标示出中央处之后，使用3mm钻头钻孔。

Tip 使用螺丝钉将木材钉在一起之前，应先以钻头钻孔，以免木材碎裂。

23 把21固定在22的钻孔处。这时让角
铁呈现"＋"形。

24 在23旁距离角铁5.5cm处，使用3mm
钻头于角材四个面上皆进行钻孔。

25 利用1.5cm螺丝钉将17コ形角铁(大)
固定在23上。

26 将复古式灯脚置于25上，以1.5cm
螺丝钉固定。

27 把灯泡座放在美国松(18T)零碎木材
上，画出灯泡座的形状后，用线锯
机按照所画图形裁切。

Tip 裁切成圆形有困难的话，也可裁切成四方
形。

28 将27置于26上端并以3mm钻头钻
完成 孔，用4cm螺丝钉进行固定后，装
上灯罩。

简单易做的洗衣间层架

　　尝试制作一个可放在湿气重的洗衣间里的实用层架。层架的置物格呈分层式，不仅利于通风，而且有足够的收纳空间，使用起来十分便利。此外，也可以依据自己的身高来调整层架的高度，故在正式制作之前，请先确认对自己而言最为方便的高度。

TOOLS

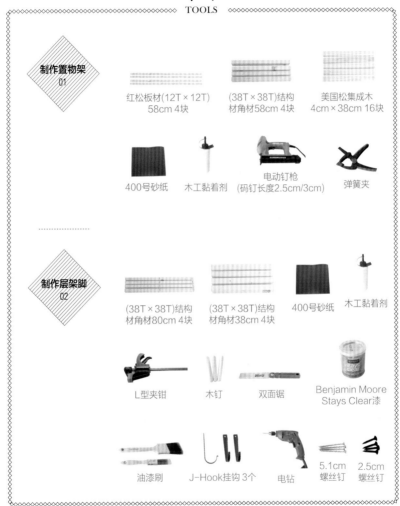

制作置物架 01

红松板材(12T×12T) 58cm 4块

(38T×38T)结构 材角材58cm 4块

美国松集成木 4cm×38cm 16块

400号砂纸

木工黏着剂

电动钉枪 (码钉长度2.5cm/3cm)

弹簧夹

制作层架脚 02

(38T×38T)结构 材角材80cm 4块

(38T×38T)结构 材角材38cm 4块

400号砂纸

木工黏着剂

L型夹钳

木钉

双面锯

Benjamin Moore Stays Clear漆

油漆刷

J-Hook挂钩 3个

电钻

5.1cm 螺丝钉

2.5cm 螺丝钉

1 先使用400号砂纸将所有木材打磨一遍，在(38T×38T)结构材角材58cm上的2cm处，画出一条横线。

2 在红松板材(12T×12T)58cm的某一面涂上木工黏着剂。

红松板材(12T×12T)58cm

(38T×38T)结构材角材58cm

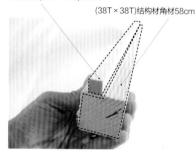

3 将2放在1上并沿着1所画的横线黏合，再以装有3cm码钉的电动钉枪等钉上4支码钉进行固定。

01　**制作置物架**

(38T×38T)结构材角材58cm

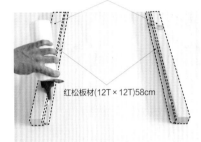

红松板材(12T×12T)58cm

4　将固定于3上的红松板材(12T×12T)58cm部分彼此相对地放置后,在其朝上的侧面涂上木工黏着剂。

美国松集成木4cm×38cm

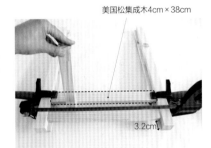

3.2cm

5　利用弹簧夹夹住8块美国松集成木4cm×38cm,每隔3.2cm将之固定。

6　将3翻至背面,用装有2.5cm码钉的电
完成　动钉枪,对木材与木材接触部分进行固定。并按照上述相同的方法,再制作一个置物架。

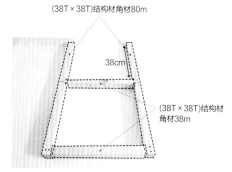

(38T × 38T)结构材角材80m

38cm

(38T × 38T)结构材
角材38m

7 准备好(38T × 38T)结构材角材80cm及38cm。将结构材角材80cm摆成直向，38cm
摆成横向(两块相隔38cm)，给木材接触面皆涂上木工黏着剂并固定，以L型夹钳夹
住，并使用5.1cm螺丝钉固定。

8 给7的横向面涂上木工黏着剂后，与
竖直的6黏合。以L型夹钳夹住，并使
用5.1cm螺丝钉固定。

9 把木工黏着剂涂于所有因使用螺丝钉
固定而产生凹洞的部分，再放入木
钉。待木钉黏着固定后，以双面锯进
行修整，并以400号砂纸磨整。

02　制作层架脚

10 整体刷上一次Benjamin Moore Stays Clear漆，经过4~5个小时，待其完全干燥后，再上一次漆。

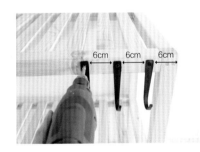

6cm　6cm　6cm

11 将3个J-Hook挂钩置于右上角处，
完成　每隔6cm便以2.5cm螺丝钉固定之。

用红酒瓶制成的台灯

　　试着做一个能为家中增添恬静氛围和暖意的灯具。除了插座及灯罩之外，其他部分皆以回收再生材料制成，非常环保。不仅价格平易近人，而且视觉上亦令人耳目一新，能够呈现出绝佳的气氛。

TOOLS

整理电线
01

美国松集成木
(18T) 1块

灯泡座

线锯机

回收再利用
的电线

给灯泡座
装上螺丝
02

十字螺丝刀

安装灯罩
03

台灯底座

灯罩

电钻
(3mm钻头)

1.8cm
螺丝钉

在灯罩上
固定灯泡座
04

4cm
螺丝钉

用红酒瓶制成的台灯

01　**整理电线**

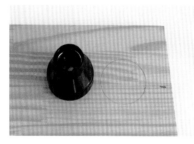

1　把灯泡座放在美国松集成木(18T)上，并画出灯泡座的形状。

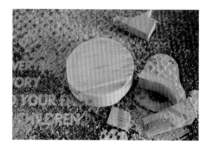

2　用线锯机按照1所画的图形进行裁切。

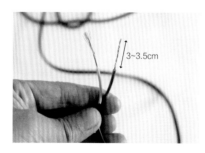

3~3.5cm

3　将回收再利用的电线剥除3~3.5cm的电线绝缘皮后，把铜线朝同一方向旋转搓捻。

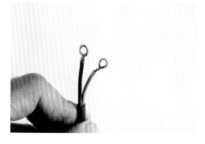

4　将铜线3做成圆圈状。
完成

整理电线　给灯泡座装上螺丝　安装灯罩　在灯罩上固定灯泡座

用红酒瓶制成的台灯

02　给灯泡座装上螺丝

5　用十字螺丝刀将灯泡座上的螺丝完全卸下。

6　将4穿过灯泡座上的方形凹槽，并把5的螺丝插进圆圈状的铜线中。

7　将6放入5原来的螺栓孔后，以十字螺
完成　丝刀锁紧。

用红酒瓶制成的台灯   03   **安装灯罩**

8 用3mm钻头在2的木块边缘处钻出4个
孔。

Tip 将螺丝直接固定在木材上时，木材可能会裂
开，因此先使用电钻钻孔为宜。

9 旋下红酒瓶盖后置于8上，以3mm
钻头在与8钻孔处相同的位置上钻出
孔，利用1.8cm螺丝钉固定。

10 将9的红酒瓶盖装回瓶口处，装上灯
完成 罩。

用红酒瓶制成的台灯

04 **在灯罩上固定灯泡座**

11 将7放在10上，用4cm螺丝钉固定。

12 盖上灯泡座盖并装上灯泡即可。
完成

时尚的分层档案架

  此为能够整理收据或档案的分层档案架。制作多个收纳层架，将之一层层叠起来，即可呈现美观的造型。

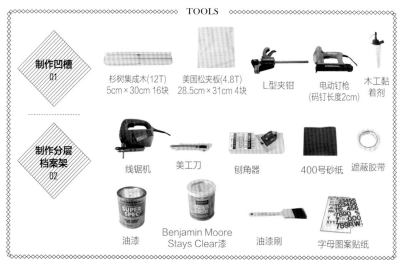

TOOLS

制作凹槽 01	杉树集成木(12T) 5cm×30cm 16块　美国松夹板(4.8T) 28.5cm×31cm 4块　L型夹钳　电动钉枪(码钉长度2cm)　木工黏着剂
制作分层 档案架 02	线锯机　美工刀　刨角器　400号砂纸　遮蔽胶带
	油漆　Benjamin Moore Stays Clear漆　油漆刷　字母图案贴纸

时尚的分层档案架　　　　　　　　　　　　　　　01　**制作凹槽**

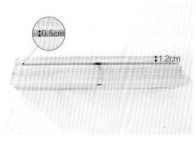

1 在所有杉树集成木(12T)5cm×30cm一侧1.2cm的位置，制作出深0.5cm、宽0.5cm的凹槽。

Tip　凹槽加工技巧可询求网络木工工作室的协助。

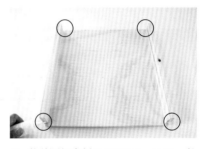

2 将美国松夹板(4.8T)28.5cm×31cm较长的那一侧插入1之中，并涂上木工黏着剂。

3 将2较短的那一侧插入杉树集成木(12T)5cm×30cm后，使用L型夹钳固定4小时左右。

4 用装有2cm码钉的电动钉枪再次进行固定。
完成

时尚的分层档案架

02　**制作分层档案架**

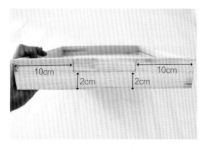

5　如图，在4的前侧面距离两端10cm处各画上直线，距离底部2cm处画上横线。

6　使用线锯机沿着5所画的线裁切。

Tip　若没有线锯机，可利用锯子裁切。

7　以美工刀修整裁切面。

8　用刨角器针对边角部分进行修整。

9 用400号砂纸再一次磨整边角部分。

10 将遮蔽胶带贴在不想沾到油漆的地方(即收纳层架的外侧)。

11 用油漆刷给收纳层架的内侧上漆。

12 将字母图案贴纸贴在收纳层架的右上角。

13 完成 用油漆刷把整个层架刷上Benjamin Moore Stays Clear漆，静置2~3小时，待完全干燥后再上一次漆。按照上述方法，再制作3个收纳层架。

简约造型的米桶

　　此为拥有简约、时尚气息的米桶。容量十分可观，可以用来存放大米，存取都很方便。不仅可以放在厨房和阳台，也可以放在客厅里，并不会显得突兀。因为它是以美国松集成木作为主要材料，能够防潮，因此可以安心使用。

TOOLS

固定桶脚 01

美国松集成木(18T)
27cm×36.4cm 1块

圆形斜式柜脚4个

木工黏着剂

制作桶身 02

美国松集成木(18T)
27cm×45cm 2块

美国松集成木(18T)
40cm×45cm 2块

美国松集成木(18T)
10cm×36.4cm 1块

L型夹钳

400号砂纸

木工黏着剂

木钉

云杉夹板(19T×19T)
8cm 1块

双面锯

电钻

5cm
螺丝钉

3.8cm
螺丝钉

Bondex橡木色
着色剂

海绵

安装把手 &铰链 03

美国松集成木(18T)
16.7cm×36cm 1块

铰链2个

1.5cm
螺丝钉

Bondex橡木色
着色剂

Benjamin Moore
Stays Clear漆

油漆刷

字母图案贴纸

简约造型的米桶

01　**固定桶脚**

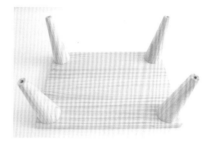

1 给圆形斜式柜脚较宽的那一面涂上木工黏着剂，各自粘贴在美国松集成木
(18T)27cm×36.4cm的四角。

2 将木板放在1上，并摆放重物静置4~5
完成 小时，使之固定。

简约造型的米桶

02　**制作桶身**

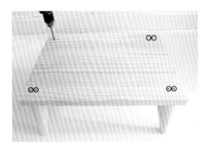

3　将2翻过来之后，在与斜式柜脚接触的部分各钉上2根5cm的螺丝钉以固定。

4　黏合美国松集成木(18T)27cm×45cm的一侧与美国松集成木(18T)40cm×45cm的一侧，使之呈现"コ"形，接着用L型夹钳夹住，用3.8cm螺丝钉进行固定。并按照上述相同的方法，再制作一个"コ"形。

5　把4放在3上，给木材接触面涂上木工黏着剂，黏合后使用L型夹钳固定。

6　利用和5相同的方法将另一个"ㄱ"形完成固定。用L型夹钳夹住整个桶身，以3.8cm螺丝钉于木材接触部分进行固定，最后呈现"口"形。

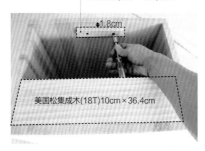

云杉夹板(19T × 19T)8cm

↕1.8cm

美国松集成木(18T)10cm × 36.4cm

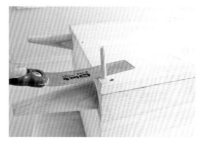

7　如图，以3.8cm螺丝钉将云杉夹板(19T× 19T)8cm，固定于米桶内一侧中央处(距离上端1.8cm的位置)。将美国松集成木(18T)10cm × 36.4cm置于另一侧，以3.8cm螺丝钉进行固定。

8　把木工黏着剂涂于所有因使用螺丝钉固定而产生凹洞的部分，并放入木钉。待木钉黏着固定后，以双面锯进行修整，以400号砂纸磨整。

9　给8的整个表面刷上 Bonde 橡木色着
完成　色剂。

简约造型的米桶

03 **安装把手&铰链**

4cm　　　4cm

10 给美国松集成木(18T)16.7cm×36cm的一侧面刷上Bondex橡木色着色剂，静置2~3小时，待其完全干燥后，在其正中央处使用1.5cm螺丝钉固定把手。接着在把手的相反侧，距离两端各4cm的位置，用1.5cm螺丝钉安装铰链。

美国松集成木(18T)10cm×36.4cm

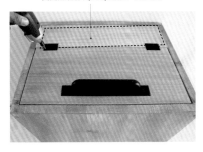

11 将10置于7的空位处，以铰链连结在一起之后，使用1.5cm螺丝钉进行固定。

12 贴字母图案贴纸后，刷上Benjamin
完成 Moore Stays Clear漆。

浪漫怀旧的边柜

　　此为能够摆放在家中任何地方的拥有时髦造型的边柜。采用斜式柜脚是造型上的一大亮点，选用白色则让整体散发出浪漫、怀旧的气息。也可以将斜式柜脚替换成轮子或一字形柜脚，快来动手制作吧！

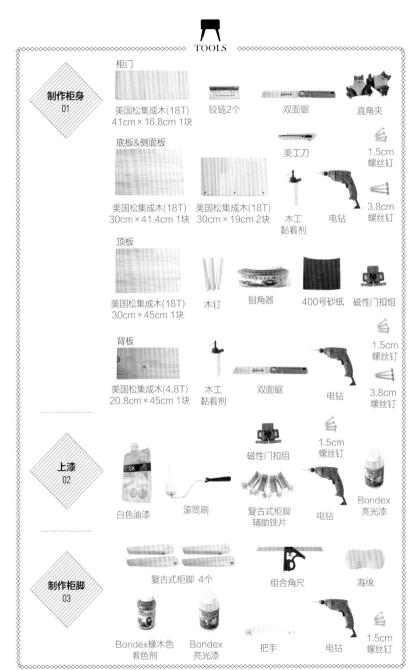

TOOLS

制作柜身 01

柜门
美国松集成木(18T)
41cm×16.8cm 1块

铰链2个

双面锯

直角夹

底板&侧面板
美国松集成木(18T)
30cm×41.4cm 1块

美国松集成木(18T)
30cm×19cm 2块

美工刀

1.5cm
螺丝钉

木工
黏着剂

电钻

3.8cm
螺丝钉

顶板
美国松集成木(18T)
30cm×45cm 1块

木钉

刨角器

400号砂纸

磁性门扣组

背板
美国松集成木(4.8T)
20.8cm×45cm 1块

木工
黏着剂

双面锯

电钻

1.5cm
螺丝钉

3.8cm
螺丝钉

上漆 02

白色油漆

滚筒刷

磁性门扣组

1.5cm
螺丝钉

复古式柜脚
辅助铁片

电钻

Bondex
亮光漆

制作柜脚 03

复古式柜脚 4个

组合角尺

海绵

Bondex橡木色
着色剂

Bondex
亮光漆

把手

电钻

1.5cm
螺丝钉

浪漫怀旧的边柜

01　**制作柜身**

1　用400号砂纸将包括复古式柜脚在内的所有木材打磨一遍。

柜门

3.8cm

2　把铰链放在美国松集成木(18T)41cm×16.8cm侧面距离两端各3.8cm的位置，并画出铰链的形状。

3 将双面锯对准2所画的线条，锯划2~3
次。

4 以3作为作业范围，为了放上铰链后不会凸出，用美工刀平整地刨挖。

底板&侧面板

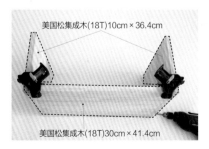

美国松集成木(18T)10cm×36.4cm

美国松集成木(18T)30cm×41.4cm

5 在美国松集成木(18T)30cm×41.4cm的两端侧面处涂上木工黏着剂，与美国松集成
木(18T)30cm×19cm进行黏合后，用3.8cm螺丝钉固定，使之呈"凵"形。

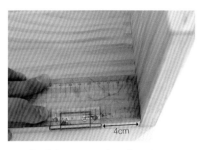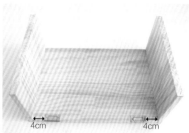

6 将5放倒后，于下方距离两端4cm的位置，以1.5cm螺丝钉安装铰链。

顶板

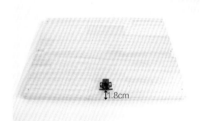

7 在美国松集成木(18T)30cm×45cm
的下方预留1.8cm的空间，在该处以
1.5cm螺丝钉安装磁性门扣。

Tip 安装磁性门扣时，请先预留与木材厚度相同
的空间。

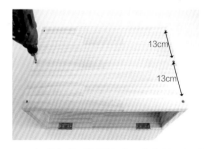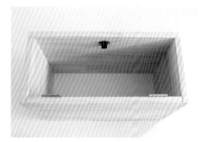

8 在7较短的两侧涂上木工黏着剂，翻到背面粘贴至6的上方，并每隔13cm使用3.8cm
完成 螺丝钉再次固定。

背板

 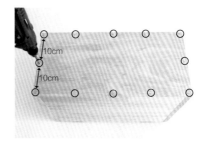

9 在8的背面(即安装磁性门扣与铰链的相反侧)涂上木工黏着剂，和美国松集成木
(4.8T)20.8cm×45cm黏合在一起，每隔10cm以1.5cm螺丝钉再次固定。

10 用刨角器细致地修饰整体的边角部位。

11 把木工黏着剂涂于所有因使用螺丝钉而产生凹洞的部分，并放入木钉，待木钉黏着固定后，以双面锯修整木钉凸出的部分。

12 用400号砂纸再次磨整边角及塞入木钉的部分。
完成

13 用滚筒刷给12的表面及美国松集成木(18T) 41cm×16.8cm刷上白色油漆，待其完全干燥后再上一次漆。按照此方式共刷上三次漆。

14 将12的铰链固定处对准美国松集成木(18T)41cm×16.8cm，并使用1.5cm螺丝钉进行固定。

Tip 必须将螺丝钉笔直地钉入以固定，否则柜门有可能会歪斜。

02　**上漆**

0.2~0.3cm

15 在柜门内侧正中央预留的0.2~0.3cm空间的位置上，利用1.5cm螺丝钉安装磁性门扣组的零件。

16
完成
以Bondex亮光漆将边柜内部上一次漆，静置一天左右，待其完全干燥后再上一次漆。

Tip　上过一次亮光漆后，务必静置约一天，待其完全干燥后，才能再次上漆。

浪漫怀旧的边柜

03 制作柜脚

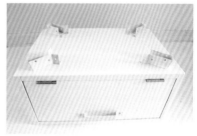

17 待16完全干燥后将其翻过来，标示出对角线与角相距5cm的位置之后，以1.5cm螺丝钉固定柜脚的辅助铁片。按照此方法固定4个辅助铁片。

18 用海绵在柜脚涂上一次Bondex橡木色着色剂后，待其完全干燥后再上一次色。

Tip　比起油漆刷，以海绵涂上着色剂更方便。

19 待18完全干燥后，再涂上一次Bondex亮光漆，完全干燥之后再上一次亮光漆。

20 将19完全密合地塞入17中。

21 在20的螺栓孔里放入1.5cm螺丝钉并锁紧固定(一支柜脚使用4根螺丝钉，总共需要16根螺丝钉)。

22 用1.5cm螺丝钉于柜门正中央的位置
完成 上安装把手。

淡雅薄荷绿层架

　　此为一个开放式的多层收纳层架。它被设计为多层，以利于分类放置大量物品。此外，每层置物架皆被做成箱子般凹槽的形态，因此小物品不易掉落。置于孩子的书桌旁，可以放书和玩具，是极具实用性的层架。

TOOLS

制作分层置物架 01

美国松集成木(18T)
38cm×40cm 4块

美国松集成木(18T)5cm×38cm 8块
5cm×43.6cm 8块

电动钉枪
(码钉长度3.5cm)

直角夹

木工黏着剂

制作层架支架 02

美国松集成木(30T)
4cm×120cm 4块

400号砂纸

木工黏着剂

电钻

5cm
螺丝钉

木钉

双面锯

弹簧夹

油漆

滚筒刷

Benjamin Moore
Stays Clear漆

油漆刷

制作分层
置物架

制作层架
支架

淡雅薄荷绿层架

01 制作分层置物架

美国松集成木(18T)5cm×38cm

美国松集成木(18T)5cm×43.6cm

1 将2块美国松集成木(18T)5cm×38cm
各放在1块美国松集成木(18T)38cm×
40cm的较短侧上，另将2块美国松集
成木(18T)5cm×43.6cm各放在其较长
侧，并于木材接触面涂上木工黏着
剂。

10cm 10cm

2 将1以直角夹固定后，再利用装有
3.5cm码钉的电动钉枪，沿着边缘处
每隔10cm进行固定。按照上述相同的
方法，共制作4个分层置物架。

Tip 如果没有电动钉枪，可用沉孔钻头钻孔后，
以3.8cm螺丝钉进行固定。

淡雅薄荷绿层架

02　制作层架支架

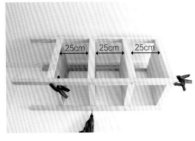

3　将2各间隔25cm竖直地摆放，将4块美国松集成木(30T)4cm×120cm置于置物架两侧的边角处，使用弹簧夹固定后，以5cm螺丝钉再次固定。

4　把木工黏着剂涂于所有因使用螺丝钉而产生的凹洞中，再放入木钉。待木钉黏着固定后，以双面锯进行修整，并使用400号砂纸打磨整个层架。

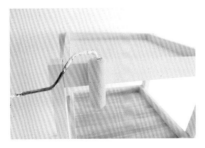

5　利用滚筒刷刷上一次薄荷绿色的油漆，待完全干燥后再上一次漆。

6　用油漆刷在层架内侧刷上Benjamin
完成　Moore Stays Clear漆，待完全干燥后再上一次漆。

爱尔兰式板凳

　　这款爱尔兰风格的板凳，还可以作为边柜，摆在沙发旁、书桌旁，在其上摆放一盒绿色盆栽，真是美极了，黑白对比的颜色简约又时尚。

TOOLS

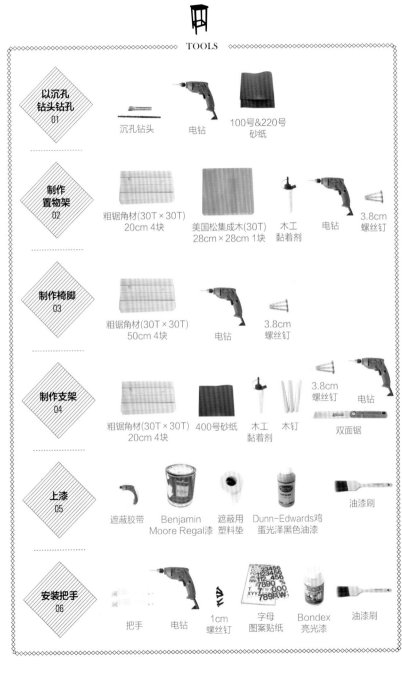

以沉孔钻头钻孔 01	沉孔钻头　电钻　100号&220号砂纸
制作置物架 02	粗锯角材(30T×30T) 20cm 4块　美国松集成木(30T) 28cm×28cm 1块　木工黏着剂　电钻　3.8cm螺丝钉
制作椅脚 03	粗锯角材(30T×30T) 50cm 4块　电钻　3.8cm螺丝钉
制作支架 04	粗锯角材(30T×30T) 20cm 4块　400号砂纸　木工黏着剂　木钉　3.8cm螺丝钉　电钻　双面锯
上漆 05	遮蔽胶带　Benjamin Moore Regal漆　遮蔽用塑料垫　Dunn-Edwards鸡蛋光泽黑色油漆　油漆刷
安装把手 06	把手　电钻　1cm螺丝钉　字母图案贴纸　Bondex亮光漆　油漆刷

爱尔兰式板凳

01　**以沉孔钻头钻孔**

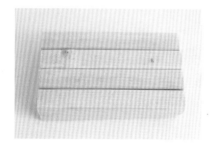

5cm　5cm

1 用100号砂纸将8块粗锯角材(30T×30T)20cm打磨一遍后，再用220号砂纸。

2 将8块粗锯角材(30T×30T)20cm其中的4块，在距离两端各5cm的位置，以沉孔钻头钻出深约1cm的孔。

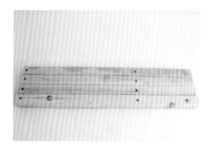

3 利用100号砂纸将4块粗锯角材(30T×30T)50cm打磨一遍，再用220号砂纸打磨一遍，并使用沉孔钻头钻出深约1cm的孔。钻孔位置见右图。

<以沉孔钻头钻孔的位置图>

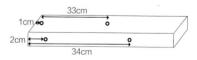

33cm

1cm

2cm

34cm

爱尔兰式板凳

02　**制作置物架**

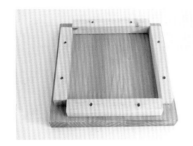

4　在美国松集成木(30T)28cm×28cm四周放上4块粗锯角材(30T×30T)20cm，四边预留相同空间。

5　于粗锯角材(30T×30T)20cm涂上木工黏着剂后，各自黏贴在4的位置上。

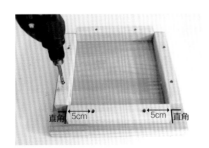

直角　5cm　　5cm　直角

6　在距离两端5cm的位置上钻孔，以
完成　3.8cm螺丝钉进行固定。

粗锯角材(30T×30T)50cm

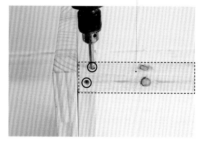

7　在6中木材与木材相连处涂上木工黏
　　着剂。

8　将粗锯角材(30T×30T)50cm与7的空
　　间黏合之后，用3.8cm螺丝钉再次固
　　定。

9　按照7的方法，将4块角材全都固定
完成　好，制作出椅脚。

爱尔兰式板凳

04　**制作支架**

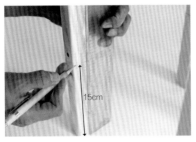

10　利用铅笔标示出距离椅脚下端15cm的支点。

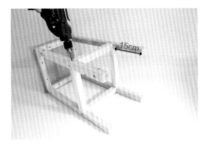

11　把粗锯角材(30T×30T)20cm分别置于椅脚之间，并以3.8cm螺丝钉进行固定。

12　把木工黏着剂涂于所有因使用螺丝钉而产生的凹洞中，再放入木钉。待木钉黏着固定后，以双面锯进行修整。

13　使用400号砂纸集中地打磨木钉处以及边角部分。
完成

以沉孔钻头钻孔　制作置物架　制作椅脚

制作支架　上漆　安装把手

爱尔兰式板凳　　　　　　　　　　　　　　　05　**上漆**

14　将遮蔽胶带贴在板凳上端椅面和椅脚的交界处。

Tip　如果想让椅面和椅脚的颜色不同，便把遮蔽胶带贴在交界处，使颜色不会混合。若想让椅面和椅脚的颜色相同，则可省略此步骤。

15　用油漆刷将椅面刷上一次Benjamin Moore Regal漆，待完全干燥后再上一次漆。

16　用遮蔽用塑料垫将椅面包起来。

17　用油漆刷刷上一次Dunn-Edwards鸡蛋光泽黑色油漆后，静置一天左右，待其完全干燥后再上一次漆。

18 将把手置于板凳上端椅面的侧边，并用1cm螺丝钉固定。

19 将自己喜欢的字母图案贴纸贴在把手上。

20 **完成** 在贴了字母图案贴纸处涂一次亮光漆，待其完全干燥后再上一次漆。

Tip 将亮光漆涂在贴了字母图案贴纸之处，即可让贴纸不会掉落。若没有亮光漆，也可使用透明指甲油。

Level Ⅲ
22

组合式分类收纳柜

　　淡雅的亚麻色油漆与树木纹理相互融合，进而呈现出时尚、简约风格的组合式分类收纳柜。将塑料袋放入分类收纳柜中，倒垃圾时只要拿出塑料袋就能把垃圾带走，非常方便。

TOOLS

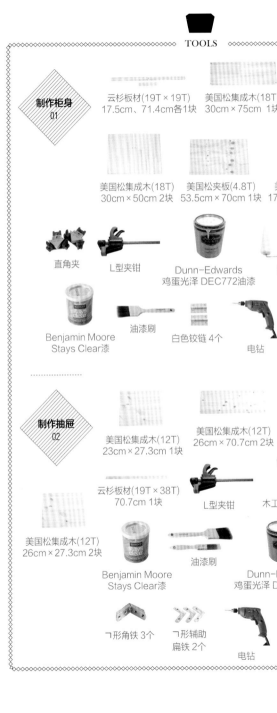

制作柜身
01

云杉板材(19T × 19T)
17.5cm、71.4cm各1块

美国松集成木(18T)
30cm×75cm 1块

美国松集成木(18T)
10cm×75cm 2块
6cm×75cm 1块

美国松集成木(18T)
30cm×50cm 2块

美国松夹板(4.8T)
53.5cm×70cm 1块

美国松集成木(18T)
17.1cm×34.4cm 2块

木工
黏着剂

直角夹

L型夹钳

Dunn-Edwards
鸡蛋光泽 DEC772油漆

滚筒刷

字母图案贴纸

Benjamin Moore
Stays Clear漆

油漆刷

白色铰链 4个

电钻

3.8cm
螺丝钉

1cm
螺丝钉

1.5cm
螺丝钉

制作抽屉
02

美国松集成木(12T)
23cm×27.3cm 1块

美国松集成木(12T)
26cm×70.7cm 2块

美国松夹板(4.8T)
30cm×70.7cm 1块

云杉板材(19T × 38T)
70.7cm 1块

L型夹钳

木工黏着剂

29.5cm滑动式
抽屉导轨 2个

美国松集成木(12T)
26cm×27.3cm 2块

Benjamin Moore
Stays Clear漆

油漆刷

Dunn-Edwards
鸡蛋光泽 DEC772油漆

滚筒刷

ㄱ形角铁 3个

ㄱ形辅助
扁铁 2个

电钻

2.5cm
螺丝钉

1.5cm
螺丝钉

1cm
螺丝钉

组合式分类收纳柜

01　**制作柜身**

云杉板材(19T×19T)17.5cm

云杉板材
(19T×19T)71.4cm

1 将云杉板材(19T×19T)17.5cm置于云
杉板材(19T×19T)71.4cm的中央处，
呈现"⊥"形，用3.8cm螺丝钉加以
固定。

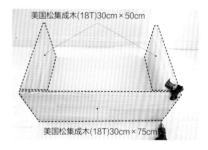

美国松集成木(18T)30cm×50cm

美国松集成木(18T)30cm×75cm

2 把2块美国松集成木(18T)30cm×50cm
分别置于美国松集成木(18T)30cm×
75cm的较短侧，并于木材接触面涂上
木工黏着剂，使之黏合。用直角夹夹
住后，用3.8cm螺丝钉固定。

3 将1以"⊤"形置于2的前侧处，于
木材接触面涂上木工黏着剂，使之黏
合。以L型夹钳夹住后，用3.8cm螺丝
钉固定。

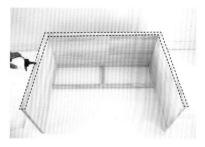

4 把3翻过来，并把木工黏着剂涂
在上侧面，粘贴美国松夹板(4.8T)
53.5cm×70cm，每隔10cm以1cm螺丝
钉进行固定。

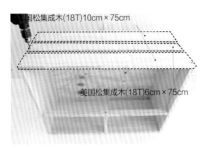

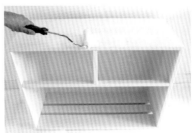

5 　将4依"⊔⊔"的模样竖立。将2块美国松集成木(18T)10cm×75cm分别放在上侧面的两端，利用3.8cm螺丝钉固定。另把美国松集成木(18T)6cm×75cm置于上侧面的中央处，且确保其与旁边的木材间有预留缝隙，再以3.8cm螺丝钉固定。

6 　使用滚筒刷及油漆刷，为整体柜身刷上Dunn-Edwards鸡蛋光泽DEC772油漆。

Tip　面积宽处可使用滚筒刷，边角部分或窄面则使用油漆刷。

7 　在美国松集成木(18T)17.1cm×34.4cm的右下角贴上喜欢的字母图案贴纸，在贴纸处刷上一次Benjamin Moore Stays Clear漆，静置2~3小时，待其完全干燥后再上一次漆。

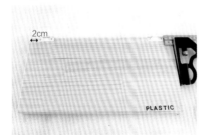

8 　在7的上侧，距离两端边角各2cm的位置上，使用1.5cm螺丝钉安装白色铰链。

9 　将8置于6上方的开口处，并以1.5cm螺丝钉进行固定。
完成

組合式分類收納櫃

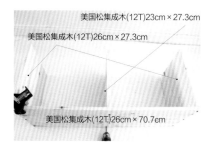

美国松集成木(12T)23cm×27.3cm

美国松集成木(12T)26cm×27.3cm

美国松集成木(12T)26cm×70.7cm

10 将2块美国松集成木(12T)26cm× 27.3cm分别置于美国松集成木(12T) 26cm×70.7cm的较短侧,并于其中央处放上美国松集成木(12T) 23cm×27.3cm,利用2.5cm螺丝钉进行固定,使之呈现"山"形。

11 把另一块美国松集成木(12T)26cm× 70.7cm置于10的上端,在木材接触面涂上木工黏着剂,使之黏合。以L型夹钳夹住后,利用2.5cm螺丝钉再次固定。

10cm

10cm

12 将美国松夹板(4.8T)30cm×70.7cm放在11的上侧面,于木材接触面涂上木工黏着剂,使之黏合,并在距离各个角10cm处以1.5cm螺丝钉固定。

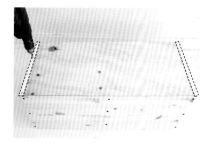

13 在12的较短侧放上29.5cm滑动式抽屉导轨,每隔10cm使用1.5cm螺丝钉固定。

02　**制作抽屉**

14 把13翻转到能够看到内部构造的一侧，用油漆刷于内侧刷上Benjamin Moore Stays Clear漆，用滚筒刷于外侧刷上Dunn-Edwards鸡蛋光泽DEC772油漆。

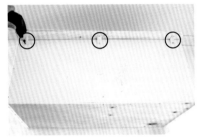

15 将云杉板材(19T×38T)70.7cm置于14上侧面的较长端处，并以ㄱ形角铁固定。

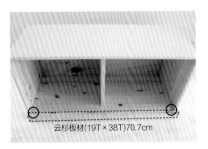

云杉板材(19T×38T)70.7cm

16 利用1cm螺丝钉将ㄱ形辅助扁铁固定于15抽屉内侧的外缘处。

云杉板材(19T×19T)17.5cm

17 **完成** 在16上刷上一次 Benjamin Moore Stays Clear漆，待其完全干燥后再上一次漆。最后把17放入9的空间之中即完成。

纯净白基本款书桌

　　纯净白基本款书桌的制作方法很简单，造价也很低，很受妈妈们的欢迎。另外，我们可以根据孩子的身高、体型来进行制作。让孩子们拥有自己的个人订制款书桌吧!

TOOLS

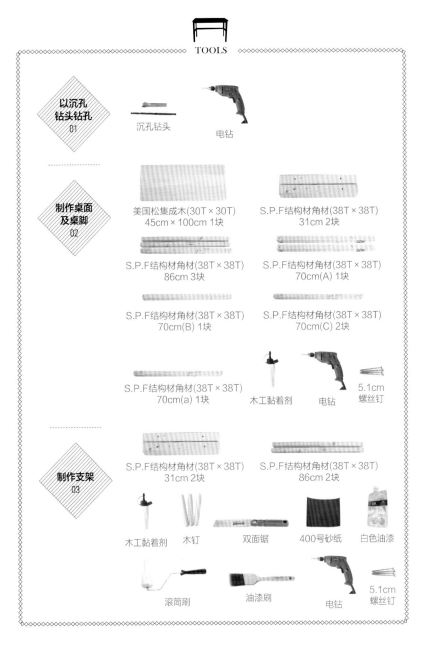

以沉孔钻头钻孔 01

沉孔钻头

电钻

制作桌面及桌脚 02

美国松集成木(30T×30T)
45cm×100cm 1块

S.P.F结构材角材(38T×38T)
31cm 2块

S.P.F结构材角材(38T×38T)
86cm 3块

S.P.F结构材角材(38T×38T)
70cm(A) 1块

S.P.F结构材角材(38T×38T)
70cm(B) 1块

S.P.F结构材角材(38T×38T)
70cm(C) 2块

S.P.F结构材角材(38T×38T)
70cm(a) 1块

木工黏着剂

电钻

5.1cm
螺丝钉

制作支架 03

S.P.F结构材角材(38T×38T)
31cm 2块

S.P.F结构材角材(38T×38T)
86cm 2块

木工黏着剂

木钉

双面锯

400号砂纸

白色油漆

滚筒刷

油漆刷

电钻

5.1cm
螺丝钉

纯净白基本款书桌

<以沉孔钻头钻孔的位置图>

S.P.F结构材角材(38T×38T)31cm

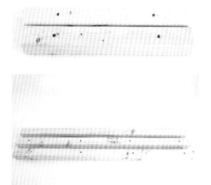

S.P.F结构材角材(38T×38T)86cm

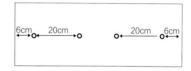

01 **以沉孔钻头钻孔**

S.P.F结构材角材(38T×38T)70cm(A)

1cm
2cm
1cm
3cm
17cm

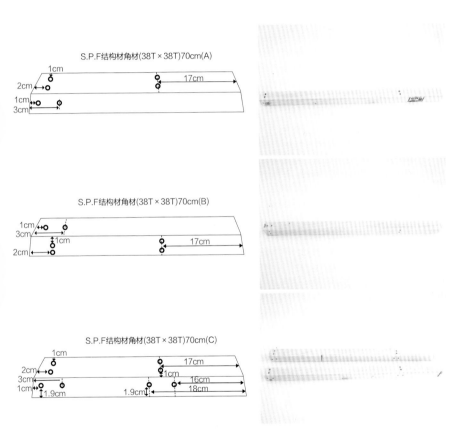

S.P.F结构材角材(38T×38T)70cm(B)

1cm
3cm
1cm
2cm
17cm

S.P.F结构材角材(38T×38T)70cm(C)

1cm
2cm
3cm
1cm
1.9cm
17cm
1cm
16cm
1.9cm
18cm

1
完成
按上图标示位置，使用沉孔钻头在2块S.P.F结构材角材(38T×38T)31cm、2块S.P.F
结构材角材(38T×38T)86cm、S.P.F结构材角材(38T×38T)70cm(A)、S.P.F结构材角
材(38T×38T)70cm(B)和S.P.F结构材角材(38T×38T)70cm(C)上钻孔。

纯净白基本款书桌

02 **制作桌面及桌脚**

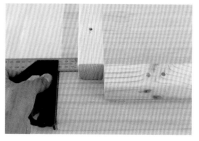
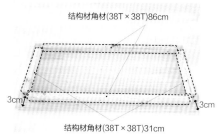

结构材角材(38T×38T)86cm

3cm

结构材角材(38T×38T)31cm

3cm

2 将2块S.P.F结构材角材(38T×38T)31cm分别放在美国松集成木(30T×30T)45cm×100cm的较短侧上，注意边缘处要预留3cm的空间。把2块S.P.F结构材角材(38T×38T)86cm分别放在美国松集成木(30T×30T)45cm×100cm的较长侧上，边缘处也要预留3cm的空间。此时4块S.P.F结构材角材呈现"囗"形，涂上木工黏着剂，使之黏合。

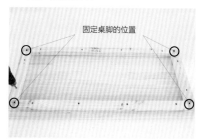

固定桌脚的位置

3 待完全黏合后，利用5.1cm螺丝钉再次固定。

4 在3固定桌脚的位置上涂上木工黏着剂。

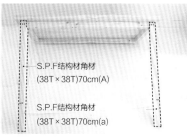

S.P.F结构材角材
(38T×38T)70cm(A)

S.P.F结构材角材
(38T×38T)70cm(a)

5 把S.P.F结构材角材(38T×38T)70cm(A)和S.P.F结构材角材(38T×38T)70cm(a)分别放在4的位置。每支桌脚以4根5.1cm螺丝钉固定，总共需要8根螺丝钉。

6 把2块S.P.F结构材角材(38T×38T)70cm(C)，按照5的方法进行黏合、固定。
完成

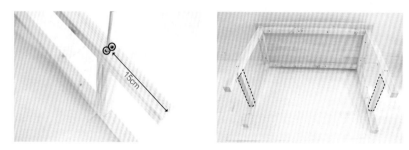

7 将S.P.F结构材角材(38T×38T)31cm放在距离桌脚底端15cm的位置上(即书桌侧面)，利用5.1cm螺丝钉固定。

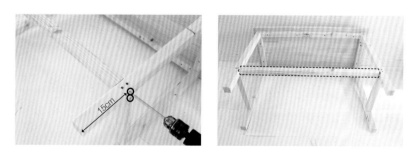

8 将S.P.F结构材角材(38T×38T)86cm放在距离桌脚底端15cm的位置上(即书桌背面)，利用5.1cm螺丝钉固定。

03　**制作支架**

9 把木工黏着剂涂于所有因使用螺丝钉而产生的凹洞中，放入木钉。待木钉黏着固定后，以双面锯进行修整。

10 使用400号砂纸集中地打磨木钉处以及边角部分。

11 整体漆上2~3次的白色油漆即完成。

完成

Tip　上漆时边角部分可使用油漆刷，面积宽处则可使用滚筒刷。

时尚四格方型收纳柜

　　可放置在床边，为了整理书或各种文件资料等所制作的收纳柜。虽然柜子尺寸偏大，但制作方法并不烦琐，初学者也能毫无负担地完成。换个颜色放在孩子的房间里，或是加装柜门后摆在床边或客厅，当成多用途的收纳柜也是很好的。

◇◇◇◇◇◇ **TOOLS** ◇◇◇◇◇◇

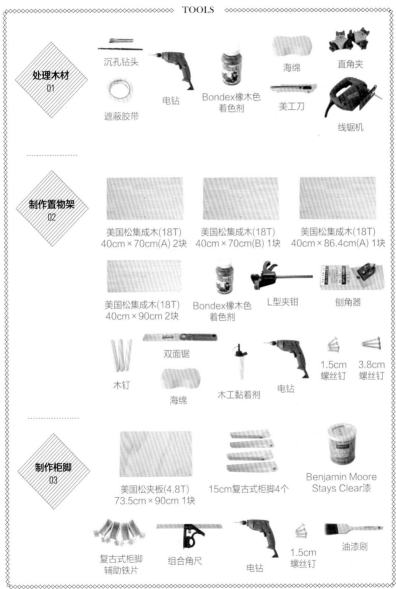

处理木材
01

沉孔钻头

电钻

遮蔽胶带

Bondex橡木色
着色剂

海绵

美工刀

直角夹

线锯机

制作置物架
02

美国松集成木(18T)
40cm × 70cm(A) 2块

美国松集成木(18T)
40cm × 70cm(B) 1块

美国松集成木(18T)
40cm × 86.4cm(A) 1块

美国松集成木(18T)
40cm × 90cm 2块

Bondex橡木色
着色剂

L型夹钳

刨角器

木钉

双面锯

海绵

木工黏着剂

电钻

1.5cm
螺丝钉

3.8cm
螺丝钉

制作柜脚
03

美国松夹板(4.8T)
73.5cm × 90cm 1块

15cm复古式柜脚4个

Benjamin Moore
Stays Clear漆

复古式柜脚
辅助铁片

组合角尺

电钻

1.5cm
螺丝钉

油漆刷

时尚四格方型收纳柜

01　**处理木材**

<以沉孔钻头钻孔的位置图>

1　将2块美国松集成木(18T)40cm×70cm(A)以沉孔钻头钻孔后，在距离边侧34.5cm的位置贴上遮蔽胶带。

2　用海绵在1上涂上一次Bondex橡木色着色剂，待其完全干燥后再涂上一次。

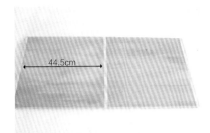

3 在美国松集成木(18T)40cm×90cm的
两端边缘处贴上遮蔽胶带，并在距离
两端遮蔽胶带44.5cm的位置再贴上遮
蔽胶带。贴好遮蔽胶带后，将整体涂
上Bondex橡木色着色剂。

Tip 若涂上一次 Bondex橡木色着色剂，发现还不是想要的颜色时，可静置一天左右，待其完全干燥
后再涂上一次。

4 在美国松夹板(4.8T)73.5cm×90cm的
某一面上涂上Bondex橡木色着色剂。

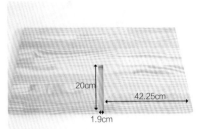

5 在美国松集成木(18T)40cm×86.4cm
距离侧边42.25cm的位置画出一个
1.9cm×20cm的长方形，并以线锯进
行裁切。

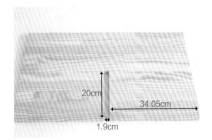

6 另在美国松集成木(18T)40cm×
70cm(B)上，距离侧边34.05cm的位置
画出一个1.9cm×20cm的长方形，并
以线锯机进行裁切。

7 利用美工刀修整5和6的裁切面。
完成

时尚四格式方型收纳柜

美国松集成木(18T)40cm × 86.4cm

美国松集成木(18T)40cm × 70cm(B)

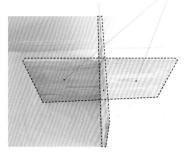

8 把6嵌入5中以呈现"＋"形后，涂上一次Bondex高贵橡木色着色剂，待其完全干燥后再涂上一次。

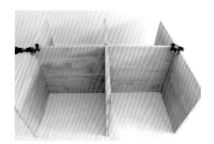

9 将"＋"形的两侧放上美国松集成木(18T)40cm × 70cm(A)，并以直角夹固定，在木材接触面以3.8cm螺丝钉进行固定。

02　**制作置物架**

10　在9的横向两侧放上美国松集成木(18T)40cm×90cm，并以L型夹钳固定，在木材接触面以3.8cm螺丝钉固定，使之呈现"田"形。

11
完成　用刨角器修整边角部分后，把木工黏着剂涂于所有因使用螺丝钉而产生的凹洞中，再放入木钉。待木钉黏着固定后，以双面锯进行修整。

时尚四格式方型收纳柜

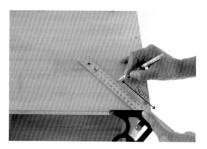

12 将11以"田"形竖直摆放，使用组合角尺于上侧面距离各个角45°的位置画一条5cm的直线。

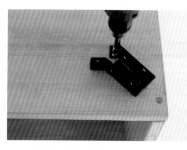

13 对准12所画的线，放上柜脚辅助铁片，以1.5cm螺丝钉固定。并按照上述方法安装好所有的柜脚辅助铁片。

Tip 订购复古式柜脚时，即会附有柜脚辅助铁片。

03　**制作柜脚**

14　将复古式柜脚放入13中，用1.5cm螺丝钉进行固定。

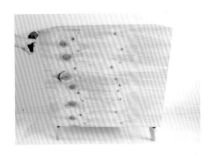

15　将14放正，于背面放上美国松夹板(4.8T)73.5cm×90cm，在其边缘处每隔10cm以1.5cm螺丝钉进行固定。

16　用油漆刷上一次Benjamin Moore
完成　Stays Clear漆，待其完全干燥后再上一次漆即完成。

粗犷线条开放式书桌

　　此为一个长方形的开放式书桌，其粗犷的线条和简单的颜色展现出浓浓的欧式风情。它的桌面尺寸较宽，因此可以当成书桌或电脑桌，也可以当成餐桌。开放式的抽屉可以用来放书，也可以放些经常使用的小工具。

TOOLS

处理木材 01

沉孔钻头

电钻

遮蔽胶带

着色剂

海绵

制作置物架 02

美国松集成木(18T)
45cm×150cm 1块

美国松集成木(18T)
45cm×146.4cm 1块

美国松集成木(18T)
8cm×45cm 2块

美国松集成角材(40T×40T)
136cm 1块

木工黏着剂

直角夹

遮蔽胶带

着色剂

海绵

3.8cm
螺丝钉

美国松集成角材
(40T×40T)30cm 1块

400号砂纸

木钉

双面锯

电钻

制作桌脚 03

美国松集成角材
(40T×40T)62cm(A) 2块

美国松集成角材
(40T×40T)62cm(B) 2块

美国松集成木(18T)
9.8cm×45cm 2块

木工黏着剂

电钻

3.8cm
螺丝钉

制作支架 04

美国松集成角材
(40T×40T)30cm 2块

美国松夹板(4.8T)
10.6cm×150cm 2块

美国松集成角材
(40T×40T)136cm 1块

双面锯

油漆刷

刨角器

400号砂纸

木工黏着剂

遮蔽胶带

Dunn-Edwards
鸡蛋光泽黑色油漆

Bondex橡木色
着色剂

海绵

Biofa天然蜡油

电钻

1.5cm
螺丝钉

3.8cm
螺丝钉

处理木材　制作置物架　制作桌脚　制作支架

粗犷线条开放式书桌

01 **处理木材**

<以沉孔钻头钻孔的位置图>

美国松集成木(18T)45cm×150cm

美国松集成木(18T)45cm×146.4cm

美国松集成木(18T)9.8cm×45cm

1 按照上图标示位置，用沉孔钻头在美国松集成木(18T)45cm×150cm、美国松集成木(18T)45cm×146.4cm以及美国松集成木(18T)9.8cm×45cm的一面上钻孔，并在另一面涂上着色剂。待其完全干燥后，以400号砂纸进行整体打磨。

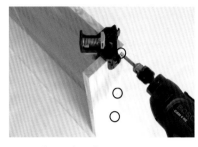

2　在美国松集成木(18T)45cm×146.4cm
　的较长侧两角处涂上木工黏着剂，将
　涂有着色剂的部分朝内，与2块美国
　松集成木(18T)9.8cm×45cm粘在一起
　后以直角夹夹住，再利用 3.8cm螺丝
　钉固定。

3　把2块美国松集成木(18T)8cm×45cm
　竖立后，于上侧涂满木工黏着剂。

美国松集成木(18T)9.8cm×45cm

美国松集成木(18T)8cm×45cm

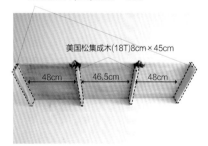

48cm　　46.5cm　　48cm

4　将3按照 48cm、46.5cm、48cm的间隔粘在美国松木集成木(18T)45cm×146.4cm上
　后，以直角夹夹住，再以3.8cm螺丝钉进行固定。

5 在角面两边预留3.5cm的空间，于该位置以宽1.5cm的遮蔽胶带贴成"└┘"形。

6 用海绵蘸上着色剂涂满5表面，撕下遮蔽胶带。以此状态静置一天左右，待其完全干燥后，使用400号砂纸打磨。

7 将木工黏着剂涂在先前贴着遮蔽胶带的位置上。

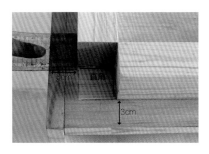
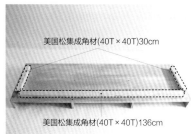

美国松集成角材(40T×40T)30cm

美国松集成角材(40T×40T)136cm

8 在7的角面上预留3cm的空间，于该位置将2块美国松集成角材(40T×40T)30cm和1
块美国松集成角材(40T×40T)136cm组合成"⌴"形。

9 在8上放上重物后静置，直到木工黏着剂干燥为止(最少2小时)。

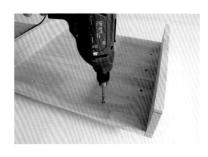

10 将9翻过来之后，用3.8cm螺丝钉对角材黏着的部分加强固定。
完成

11 把木工黏着剂涂于所有因使用螺丝钉而产生的凹洞中，再放入木钉。待木钉黏着固定后，以双面锯进行修整。

12 用400号砂纸打磨木钉处及边角的部分。

13 给12的上侧面涂满木工黏着剂。

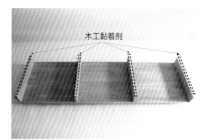

木工黏着剂

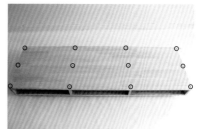

14 在13上方贴上美国松集成木45cm×150cm后，用3.8cm螺丝钉固定。
完成

粗犷线条开放式书桌

03 **制作桌脚**

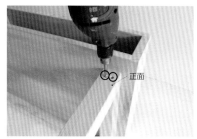

15 于美国松集成角材(40T×40T)62cm(A)的上侧面涂满木工黏着剂后，黏着在欲固定桌角的位置(即抽屉正面)，用两根3.8cm螺丝钉于正面进行固定，相反侧也以相同方法固定。

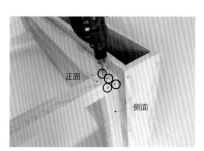

＜桌脚全部固定完成的样貌＞

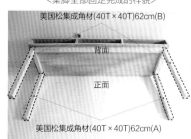

16 在美国松集成角材(40T×40T)62cm(B)的上侧面涂满木工黏着剂，黏着在欲固定
完成 桌角的位置(即抽屉正面)，在正面及侧面用3.8cm螺丝钉进行固定。

Tip 美国松集成角材(40T×40T)62cm(A)和(B)的不同之处在于(A)只需要2根3.8cm螺丝钉于正面进行固定即可，(B)则总共需要4根螺丝钉(正面2根、侧面2根)进行固定。因此，才区分为 (A)和(B)。

15cm   15cm

美国松集成角材(40T×40T)30cm

美国松集成角材(40T×40T)136cm   15cm

15cm

17 在距离桌脚底端15cm处做记号后，用3.8cm螺丝钉将美国松集成角材(40T×40T)30cm固定于侧面。

18 在距离背面桌脚底端15cm处做记号，用3.8cm螺丝钉将美国松集成角材(40T×40T)136cm固定于桌脚之间。

19 将木工黏着剂涂于所有因使用螺丝钉而产生的凹洞中，再放入木钉。待木钉黏着固定后，以双面锯进行修整。

20 用刨角器修整边角部分后，再以400号砂纸打磨塞入木钉的地方。

21 为了不让桌面沾到油漆，将遮蔽胶带贴在桌面与桌角的连接处。

22 在桌脚上刷上一次Dunn-Edwards鸡蛋光泽黑色油漆，静置一天左右，待其完全干燥后再上一次漆。

23 油漆干了之后便可撕下遮蔽胶带。

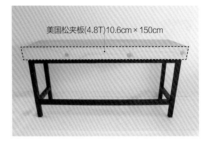

美国松夹板(4.8T)10.6cm×150cm

24 将美国松夹板(4.8T)10.6cm×150cm贴在抽屉背面，每隔10cm以 1.5cm螺丝钉固定。

25 将Bondex橡木色着色剂涂在桌面上，重复上漆直到想要的颜色呈现出来为止。待其完全干燥后，以400号砂纸进行整体打磨。

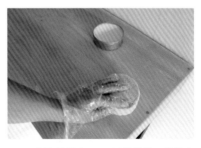

26 将海绵蘸上 Biofa天然蜡油，涂抹在
完成 上过着色剂的部分上，作业就完成了。

多功能的附属收纳柜

　　此为与其他家具搭配的附属收纳柜。一般将其放于书桌下方或床边，方便收纳一些小物件与常用的物品。淡蓝的颜色使得整个房间都变得干净、明朗起来了！

TOOLS

制作收纳柜身 01

美国松集成木(15T)
27cm×46.5cm 2块

美国松集成木(15T)
27cm×39.5cm 1块

美国松集成木(15T)
27cm×36.5cm 3块

美国松夹板(4.8T)
39.5cm×48cm 1块

L型夹钳

直角夹

刨角器

木钉

双面锯

木工黏着剂

400号砂纸

电钻

2.5cm
螺丝钉

制作抽屉 02

美国松夹板(7.5T)
22.5cm×34.5cm 3块

红松板材(12T×12T)
36.5cm 3块

杉树集成木(12T)
11cm×35.5cm 6块
11cm×21cm 6块

美国松集成木
13.5cm×36cm 3块

抽屉导轨
23.3cm 2个

木工黏着剂

L型夹钳

Benjamin Moore Natura
HC-149(Buxton Blue)漆

滚筒刷

油漆刷

Benjamin Moore
Stays Clear漆

把手 3个

名牌插槽 3个

英文字句的纸片

轮子 4个

电钻
(3mm钻头)

螺丝钉

1cm
螺丝钉

2.5cm
螺丝钉

3cm
螺丝钉

多功能的附属收纳柜

美国松集成木(15T)27cm×36.5cm

14cm   14cm

美国松集成木(15T)
27cm×46.5cm

1 从美国松集成木(15T)27cm×46.5cm的一端开始，竖直地摆放3块美国松集成木(15T)27cm×36.5cm，其间隔为14cm。以L型夹钳与直角夹夹住后，用2.5cm螺丝钉固定。

2 将1旋转180°，于前侧面涂上木工黏着剂，摆放美国松集成木(15T)27cm×46.5cm，以L型夹钳夹住，用2.5cm螺丝钉固定。

01　制作收纳柜身

3 把2依"冃"的模样摆放，前侧涂上木工黏着剂，取美国松集成木(15T)27cm×39.5cm进行黏合，并以L型夹钳夹住，用2.5cm螺丝钉固定。

4 使用刨角器修整边角部分。

5
完成
把木工黏着剂涂于所有因使用螺丝钉而产生的凹洞中，再放入木钉。待木钉黏着固定后，以双面锯进行修整，并以400号砂纸打磨整体即完成。

多功能的附属收纳柜

02 **制作抽屉**

杉树集成木(12T)11cm×35.5cm

杉树集成木(12T)11cm×21cm

美国松夹板(7.5T)22.5cm×34.5cm

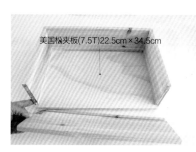

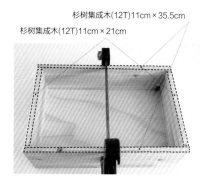

6 将已完成凹槽加工作业的2块杉树集成木(12T)11cm×35.5cm和2块杉树集成木(12T)11cm×21cm分别竖直摆放在美国松夹板(7.5T)22.5cm×34.5cm的四边，于木材连接部分涂上木工黏着剂，对准凹槽后塞入，再使用L型夹钳固定3~4个小时。按照相同方法，共制作3个抽屉。

Tip 如果没有L型夹钳，放上重物压住亦可。

7 利用2.5cm螺丝钉固定6的各个木材接触面。

8 把抽屉导轨23.3cm安装于抽屉左右两侧的底部，用1cm螺丝钉固定。

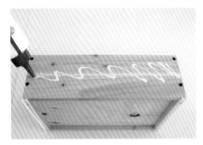 

9 在抽屉的前侧面涂上木工黏着剂，粘贴美国松集成木13.5cm×36cm后，使用L型夹钳固定。

10 于抽屉前侧面的内侧、距离两侧各7cm的位置，以3mm钻头钻孔后，用2.5cm螺丝
完成　钉进行固定。并按照上述方法处理好其余2个抽屉。

红松板材(12T×12T)36.5cm

1cm

抽屉后侧挡板

11 将10放入5之中，并把整个收纳柜转至背面。将红松板材(12T×12T)36.5cm置于各个抽屉后方距离边缘约1cm的位置上，用2.5cm螺丝钉固定。

Tip 为了防止关抽屉时，抽屉被整个往后推，因此将红松板材(12T×12T)36.5cm作为挡板。

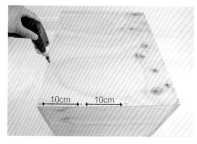

10cm   10cm

12 抽屉全数取出后，在收纳柜的背面涂上木工黏着剂，粘贴美国松夹板(4.8T)39.5cm×48cm，并从角落处开始，每隔10cm便以1cm螺丝钉固定，再把抽屉放回去。

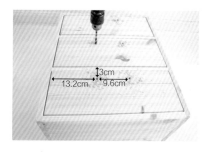

3cm
13.2cm   9.6cm

13 将12转至正面，放入抽屉，在每个抽屉前侧面距离上端3cm、左侧13.2cm的位置上，使用3mm钻头钻1个孔，并以此孔为起点，距离其9.6cm的位置上再钻1个孔。

14 用滚筒刷刷上Benjamin Moore Natura HC-149(Buxton Blue)漆，边角部分则使用油漆刷进行作业。

15 给抽屉内侧及把手部分涂上1~2次Benjamin Moore Stays Clear漆。

16 将把手置于13，用3cm螺丝钉从抽屉内侧进行固定，并按照此方法安装另外两个抽屉的把手。

Tip 购买把手时即会附上固定用的螺丝钉。

17 把16的3个抽屉放入1之中，在第一个抽屉右上角的位置上，用1cm螺丝钉固定名牌插槽。

18 将英文字句的纸片放入名牌插槽中。

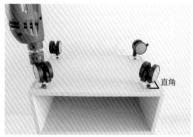

19 完成 以与收纳柜边角呈直角的角度来安装轮子。

直角

Tip 购买轮子时也会附赠螺丝钉。

充满暖意的单人床

　　此为给孩子专门制作的单人床。不仅比市场上售卖的单人床便宜，而且用材环保健康，外观简洁素雅。快来按部就班地给孩子制作一个充满暖意的单人床吧！

TOOLS

制作床架
01

S.P.F干燥木材
(38T×38T)180cm 2块

S.P.F干燥木材
(38T×140T)200cm 2块

400号砂纸

沉孔钻头

电钻

床架用
辅助铁片

3.8cm
螺丝钉

5cm
螺丝钉

Benjamin Moore
Natura Eggshell
White漆

制作床头
02

美国松集成角材
(60T×60T)90cm 2块

美国松集成角材(A)
(40T×40T)106cm 1块

美国松集成角材(B)
(40T×40T)106cm 1块

美国松集成角材
(40T×40T)50cm 10块

S.P.F干燥木材
(38T×140T)106cm 1块

L型夹钳

木工
黏着剂

连接床台用
辅助铁片 2块

双面锯

木钉

床架用
辅助铁片

400号砂纸

电钻
8cm钻头

5cm
螺丝钉

Benjamin Moore
Natura Eggshell
White漆

制作床尾
&横板床台
03

美国松集成木(18T)
20cm×118cm 1块

云杉原木板材
(19T×140T)104cm 8块

柳安木角材
180cm 2块

400号砂纸

床架用辅助铁片

连接床台用
辅助铁片 2块

3cm
螺丝钉

2.5cm
螺丝钉

3.8cm
螺丝钉

Benjamin Moore
Natura Eggshell
White漆

S.P.F干燥木材
(38T×89T)198cm 2块

固定床框
&横板床台
04

187

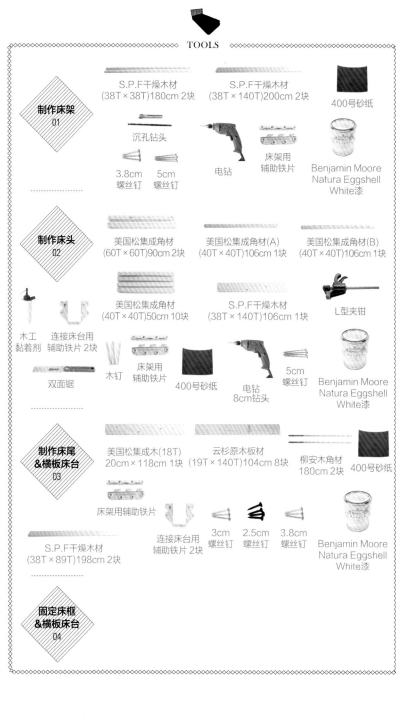

充满暖意的单人床

床头

床架

横板床台

床尾

Tip　在正式开始制作单人床之前，要先熟悉床的
各部件名称，作业起来更能得心应手。

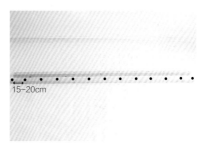

15~20cm

1　在S.P.F干燥木材(38T×38T)180cm上
每隔15~20cm使用沉孔钻头钻个孔。

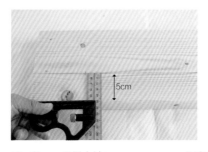

5cm

2　在S.P.F干燥木材(38T×140T)200cm距离底端5cm的位置上画出一条横线。

01　**制作床架**

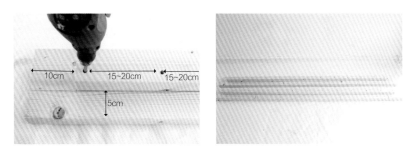

3　沿着2画出的线，将1放在距离2左侧边10cm的位置上，每隔15~20cm以5cm螺丝钉进行固定。

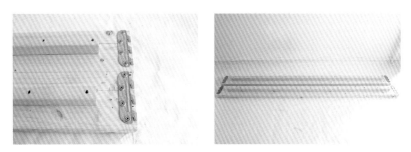

4　将床架用辅助铁片放在3的两侧，并使用3.8cm螺丝钉固定，以400号砂纸磨整。给
完成　木材刷上一次Benjamin Moore Natura Eggshell White漆，待其完全干燥后再上一次漆。按照上述方法，共制作出 2个床架。

5　在美国松集成角材(60T×60T)90cm上，使用8mm钻头钻出约4cm深的孔。

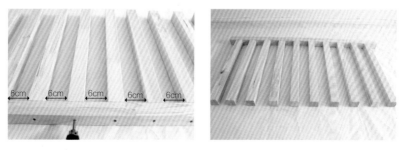

6　在美国松集成角材(A)(40T×40T)106cm上，每隔6cm放上1块美国松集成角材(40T×40T)50cm，共放10块，再利用5cm螺丝钉固定。

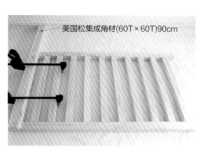

美国松集成角材(60T×60T)90cm

7 将美国松集成角材(B)(40T×40T)106cm置于6下方，使用L型夹钳夹住，并以5cm螺丝钉固定。

Tip 将木材放在地上进行固定会更省力。

8 将美国松集成角材(60T×60T)90cm的侧边对准7的底端，使用L型夹钳夹住后，于木材接触面以5cm螺丝钉固定。

9 在距离8的上端5cm的位置，放上S.P.F干燥木材(38T×140T)106cm，使用L型夹钳夹住后，以5cm螺丝钉固定。

10 另一侧也按照8~9的方法进行固定。

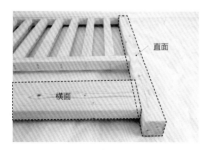
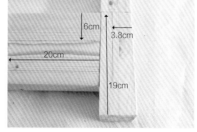

直面

横面

6cm
3.8cm
20cm
19cm

11 完成 把10上下颠倒后，在距离直面底端19cm的位置画出直线，在距离右侧3.8cm处画出直线。在距离横面上端6cm的位置画出横线，在距离右侧20cm处画出直线。

12 将床架用辅助铁片对准11画在直面上的线，利用3.8cm螺丝钉固定。

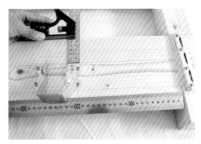

13 将连接床台用辅助铁片对准11画在横面上的线，利用3.8cm螺丝钉固定。另一侧也以此方法进行作业。

14 用螺丝钉完成固定后，把木工黏着剂涂于所有因使用螺丝钉固定而产生的凹洞中，再放入木钉。待木钉黏着固定后，以双面锯进行修整，并以400号砂纸打磨整体。

15 在14上刷上Benjamin Moore Natura Eggshell White漆后，静置待其完全干燥。

16 让15斜靠在床头位置的墙面上。

充满暖意的单人床　　　　　　　03　**制作床尾&横板床台**

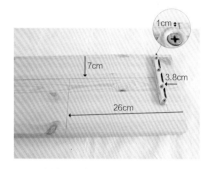

17 在美国松集成木(18T)20cm×118cm距离上端7cm处画出直线，且于距离右侧26cm处画出直线。接着在距离右侧3.8cm、上端1cm处放上床架用辅助铁片，并以3cm螺丝钉固定。

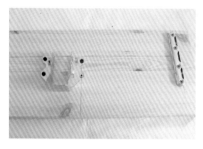

18 将连接床台用辅助铁片对准预先画在17上的线，用2.5cm螺丝钉固定。另一侧也以此方法进行作业。

19 以400号砂纸打磨整体后，刷上Benjamin Moore Natura Eggshell White漆。

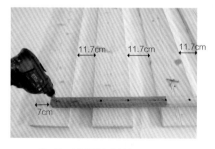

20 完成　将8块云杉原木板材(19T×140T)104cm每隔11.7cm摆好，并在距离左侧7cm的位置放上柳安木角材180cm，用3.8cm螺丝钉固定。

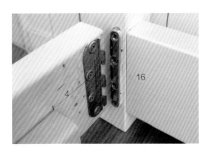 

21 将4对准16上的床架用辅助铁片进行组装。

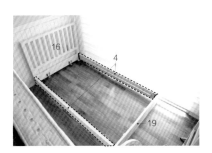

22 把19与4也组装在一起。

04   **固定床框&横板床台**

23 将S.P.F干燥木材(38T×89T)198cm放在16和19上的连接床台用辅助铁片上。

Tip 连接床台用辅助铁片具有支撑木材的功能，仅需将木材放入卡槽内即可。

24 把20放上23即完成。
完成

自然风书架兼收纳架

　　很多人家里都有许多留之无用、弃之可惜的物品，想要把这些物品整理、收集起来，却无奈家中并没有足够的空间。那么，就试着做一个能存放这些处理起来伤透脑筋的物品收纳架吧！做成能够放在阳台靠墙处的尺寸，把所有不常用到的物品都存放在这里，寻找起来很方便，看起来也相当美观。

TOOLS

以沉孔钻头钻孔 01

沉孔钻头　　电钻　　Bondex橡木色着色剂　　海绵

制作柜身 02

美国松夹板(4.8T)　　美国松集成木(18T)　　美国松集成木(18T)
43cm×80cm 1块　　30cm×125cm 2块　　11cm×76.4cm 3块

美国松集成木(18T)　　美国松集成木(18T)　　美国松集成木(18T)
30cm×76.4cm(A) 1块　　30cm×80cm 1块　　30cm×76.4cm(B) 1块

Bondex橡木色着色剂　　海绵　　400号砂纸　　直角夹　　木工黏着剂

木钉　　双面锯　　刨角器　　电钻　　1.8cm螺丝钉　　3.8cm螺丝钉

装上柜脚 03

复古式柜脚60cm 4个　　400号砂纸　　Bondex橡木色着色剂　　电钻　　1cm螺丝钉

复古式柜脚辅助铁片4个　　组合角尺

安装柜门 04

杉树柜门门板(18T)　　美国松夹板(4.8T)　　沉孔钻头　　Bondex橡木色着色剂
6cm×37.9cm 4块、
6cm×39.4cm 4块　　27.5cm×29.3cm 2块

海绵　　钉枪　　ㄇ形辅助扁铁 4个　　400号砂纸　　木工黏着剂　　电动钉枪(码钉长度1cm)　　双面锯　　美工刀

单页铰链 4个　　磁性门扣组　　把手 2个　　纱布　　Biofa天然蜡油　　电钻　　1.5cm螺丝钉　　1cm螺丝钉　　2.5cm螺丝钉

197

自然风书架兼收纳架

01 **以沉孔钻头钻孔**

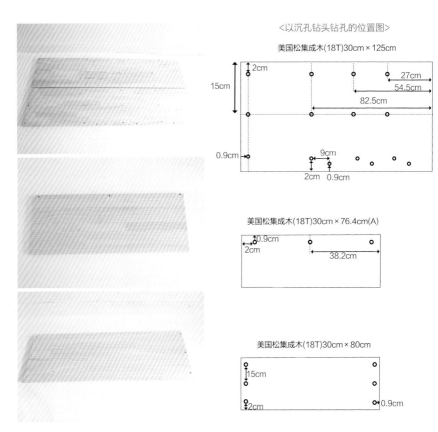

<以沉孔钻头钻孔的位置图>

美国松集成木(18T)30cm×125cm

2cm
15cm
27cm
54.5cm
82.5cm
0.9cm
9cm
2cm 0.9cm

美国松集成木(18T)30cm×76.4cm(A)

0.9cm
2cm
38.2cm

美国松集成木(18T)30cm×80cm

15cm
2cm
0.9cm

1 按上图的所示，用沉孔钻头在美国松集成木(18T)30cm×125cm、美国松集成木
完成 (18T)30cm×76.4cm(A)以及美国松集成木(18T)30cm×80cm的一面上钻孔，在另一面涂上一次Bondex橡木色着色剂。静置2~3小时，待其完全干燥后再上一次着色剂。

自然风书架兼收纳架　　　　　　　　　02　**制作柜身**

美国松集成木(18T)30cm×76.4cm

美国松集成木(18T)
30cm×76.4cm(A)

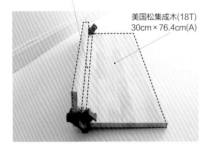

2 　在美国松集成木(18T)30cm×76.4cm(A)的较长边涂上木工黏着剂，将美国松集成木(18T)11cm×76.4cm与之粘贴在一起。以直角夹夹住后，用3.8cm螺丝钉再次固定。按照上述的方法共做出3个"L"形。

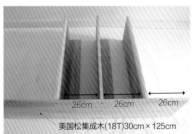

26cm　　26cm　　26cm

美国松集成木(18T)30cm×125cm

3 　在2上涂上一次Bondex橡木色着色剂，静置2~3小时，待其完全干燥后再上一次着色剂。完全干燥后，以400号砂纸进行整体打磨。

4 　在美国松集成木(18T)30cm×125cm上，每隔26cm放上2，并用3.8cm螺丝钉在木材接触面进行固定。

5 在4的左侧边缘处涂上木工黏着剂，贴上竖直放置的美国松集成木(18T)30cm×76.4cm(B)。(已上着色剂的面应朝向内侧)以直角夹夹住后，用3.8cm螺丝钉再次固定。

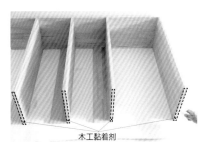

木工黏着剂

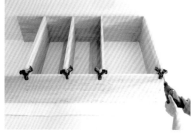

6 把5依"ＴＴＴＴ"的模样摆放，并于前侧涂上木工黏着剂，贴上美国松集成木(18T)30cm×125cm。(已上着色剂的面应朝向内侧)以直角夹夹住后，用3.8cm螺丝钉再次固定。

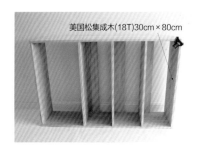

美国松集成木(18T)30cm×80cm

7 在6空着的那侧粘贴美国松集成木(18T)30cm×80cm。(已上着色剂的面应朝向内侧)以直角夹夹住后，用3.8cm螺丝钉再次固定。

8 把木工黏着剂涂于所有因使用螺丝钉而产生的凹洞中，再放入木钉。待木钉黏着固定后，用双面锯进行修整。

9 用刨角器修整8，并以400号砂纸进行整体打磨。

10 在外侧涂上Bondex橡木色着色剂，静置2~3小时，待其完全干燥后再上一次着色剂。

Tip 在组装前，其内侧已涂了着色剂，因此不需要再次上色。

11 在背面涂上木工黏着剂。

12 放上美国松夹板(4.8T)43cm×80cm，以1.8cm螺丝钉每隔10cm进行固定。
完成

自然风书架兼收纳架

03 **装上柜脚**

13 用400号砂纸对4个复古式柜脚进行打磨，涂上Bondex橡木色着色剂。静置2~3小时，待其完全干燥后再上一次着色剂。

5cm 45°

14 在12上找出距离各个角5cm的位置，并以45°角画一条直线。

15 放上柜脚辅助铁片，并以1cm螺丝钉固定。

16 将13放入15中，用1cm螺丝钉进行固定。按此方法，安装上所有的柜脚。

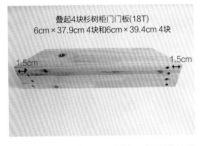

叠起4块杉树柜门门板(18T)
6cm×37.9cm 4块和6cm×39.4cm 4块

1.5cm　　　　　　　1.5cm

17 在8块杉树柜门门板上，用沉孔钻头于侧面距离两端1.5cm处钻孔。

18 用海绵在2块美国松夹板(4.8T) 27.5cm×29.3cm的两面涂上Bondex橡木色着色剂。

Tip 为了能够更加便利地安装柜门，柜门门板要提前制作凹槽。每家DIY网站的凹槽加工作业范围不同，请自行对比参考。

19 将17的柜门门板呈"口"形摆放，用钉枪对木材的接触面进行固定。
完成

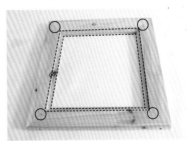

Tip 将柜门门板摆放成"口"形时，请务必让凹槽处彼此相接，钉枪也钉在有凹槽的一面。

20 将ㄱ形辅助扁铁以1cm螺丝钉固定于19上。

21 把2.5cm螺丝钉放入17使用沉孔钻头所钻出的孔中，并固定。按此方法固定好2个柜门。

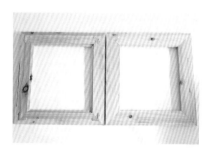

22 把21翻至无凹槽的一面，以400号砂纸进行打磨。

23 给22涂上一次Bondex橡木色着色剂，静置2~3小时，待其完全干燥后再上一次着色剂。

24 把23翻至有凹槽的一面，在凹槽处涂上木工黏着剂。

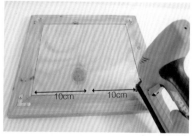

25 将美国松夹板(4.8T)27.5cm×29.3cm放入凹槽中，再以装有1cm码钉的电动钉枪，每隔10cm进行固定。

26 竖起25，把单页铰链放在距离外端 3.8cm的位置，标记出铰链的位置。

27 用双面锯在标记处锯划2次。

28 用美工刀在27上刨挖出凹槽。

Tip 为了在放上单页铰链后，仍能保持水平，不凸出表面，故刨挖凹槽。

29 在16最下方的空间安装28，用 1.5cm螺丝钉固定单页铰链。

30 于门板内侧距离内端33cm的位置 上，以1.5cm螺丝钉固定磁性门扣组 的零件。

31 与30安装磁性门扣零件相同的位置上(即柜身内侧距离两端33cm处)画出一直线，并于柜身内侧距离前端1.8cm处画线，使用1.5cm螺丝钉在两线交叉点处安装磁性门扣组的零件。

32 将把手放在门板上，用1.5cm螺丝钉进行固定。

33 **完成** 用纱布给整个收纳架涂上2~3次Biofa天然蜡油。静置1天左右，待其完全干燥后再上一次蜡油。

造型可爱的儿童长椅

　　这是给孩子们制作的长椅，孩子们可以坐在上面休息和看书。制作过程虽然烦琐但并不复杂，按照步骤可以轻松上手。快来尝试制作吧！

尺寸　97.5cm×60cm×36cm　　　难易度　★★★★★　　　费用　50 000~60 000韩元

✧✧✧✧✧✧✧✧✧✧✧✧✧✧✧✧✧✧✧✧✧✧ TOOLS ✧✧✧✧✧✧✧✧✧✧✧✧✧✧✧✧✧✧✧✧✧✧

以沉孔
钻头钻孔
01

沉孔钻头　　　电钻

制作椅背
支架&扶手
02

美国松集成木(18T)
11.8cm×98cm 3块

S.P.F结构材角材
(38T×38T)28cm 6块

S.P.F结构材角材
(38T×38T)12cm 8块

S.P.F结构材角材
(38T×38T)
90cm 5块

S.P.F结构材角材
(38T×38T)
44cm(A) 1块

S.P.F结构材角材
(38T×38T)
44cm(B) 1块

S.P.F结构材角材
(38T×38T)
60cm(A) 1块

S.P.F结构材角材
(38T×38T)
60cm(B) 1块

木钉

双面锯　　　木工黏着剂　　　L型夹钳　　　沉孔钻头

ㄱ形角铁
6个

5cm
螺丝钉

电钻
(1cm钻头)

400号砂纸

白色油漆　　　滚筒刷　　　Benjamin Moore
Stays Clear漆　　　油漆刷

209

造型可爱的儿童长椅

01　以沉孔钻头钻孔

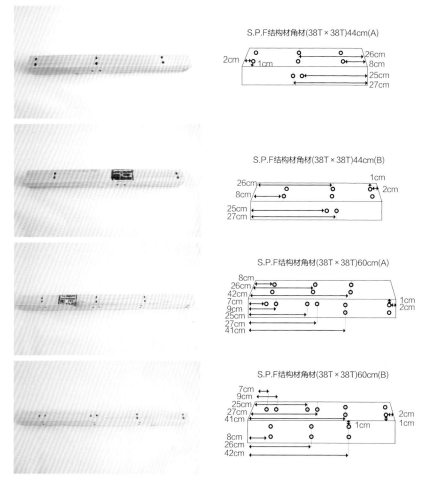

S.P.F结构材角材(38T×38T)44cm(A)

2cm　1cm　26cm　8cm　25cm　27cm

S.P.F结构材角材(38T×38T)44cm(B)

26cm　8cm　25cm　27cm　1cm　2cm

S.P.F结构材角材(38T×38T)60cm(A)

8cm　26cm　42cm　7cm　9cm　25cm　27cm　41cm　1cm　2cm

S.P.F结构材角材(38T×38T)60cm(B)

7cm　9cm　25cm　27cm　41cm　2cm　1cm　8cm　26cm　42cm

1 按上图所示，用沉孔钻头在S.P.F结构材角材(38T×38T)44cm(A)、S.P.F结构材角材(38T×38T)44cm(B)、S.P.F结构材角材(38T×38T)60cm(A)以及S.P.F结构材角材(38T×38T)60cm(B)上钻孔。

完成

造型可爱的儿童长椅

02　**制作椅背支架&扶手**

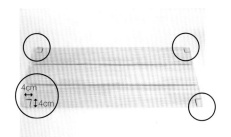

4cm
7↕4cm

2　准备好3块美国松集成木(18T)
　11.8cm×98cm，在其中2块美国松
　集成木的横向面两端上，裁切下
　4cm×4cm大小的角。

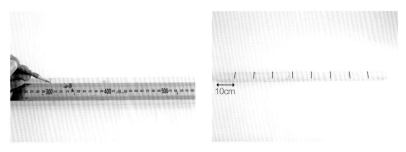

10cm

3　在1块S.P.F结构材角材(38T×38T)90cm上，从侧边开始每隔10cm画上一条直线。

211

4 在3所画的线上，距离上端1.9cm处标记出中心点。

5 用1cm钻头于4钻出深约2cm的孔。

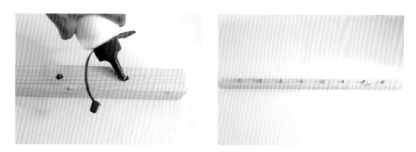

6 在5的孔中注入木工黏着剂，在每个孔中塞入直径1cm、长4cm的木钉。

7 将8块S.P.F结构材角材(38T×38T) 12cm竖直摆放，在其上方画出对角线。

8 在7的对角线相交处，用1cm钻头钻出深约2cm的孔。

9 于8的孔中注入木工黏着剂且不使其溢出，并沿着圆孔的形状涂上一圈木工黏着剂。

10 将9一个个装在6上。

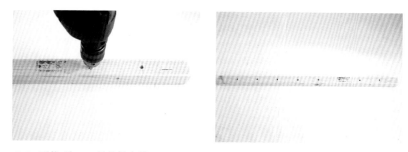

11 再将1块S.P.F结构材角材(38T×38T)90cm，按照3~5的步骤进行制作，钻孔时则使用沉孔钻头。

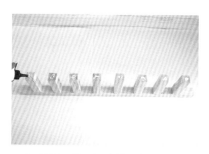

12 装好10后，在8个截面涂上木工黏着剂。

13 将11粘贴于12上，使之呈梯子形，利用5cm螺丝钉再次固定。

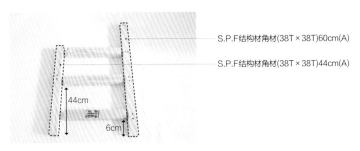

S.P.F结构材角材(38T×38T)60cm(A)

S.P.F结构材角材(38T×38T)44cm(A)

44cm

6cm

14 把3块S.P.F结构材角材(38T×38T)28cm置于S.P.F结构材角材(38T×38T)44cm(A)和 S.P.F结构材角材(38T×38T)60cm(A)之间，并以5cm螺丝钉固定。另一侧的梯子状 构造则使用S.P.F结构材角材(38T×38T)44cm(B)和60cm(B)来制作。

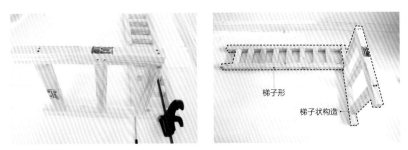

梯子形

梯子状构造

15 使14与13的一侧相接，在木材与木材的接触面涂上木工黏着剂，黏合后运用 L型 夹钳进行固定。

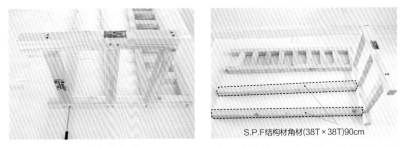

S.P.F结构材角材(38T×38T)90cm

16 使2块S.P.F结构材角材(38T×38T)90cm与15的梯子状构造相接，于木材接触面 涂上木工黏着剂，之后用5cm螺丝钉再次固定。将另一个的梯子状构造置于另一 侧，用 5cm螺丝钉固定。

螺丝钉固定处

17 将S.P.F结构材角材(38T×38T)90cm以5cm螺丝钉固定于长椅前侧。

45cm

S.P.F结构材角材(38T×38T)28cm

18 在17距离侧边45cm的位置上使用沉孔钻头钻孔，放上S.P.F结构材角材(38T×38T)28cm，并以5cm螺丝钉固定，以制成长椅中段支架。

Tip 若不加装中段支架，长椅会不稳固，坐下时可能会发出声响。

19 把木工黏着剂涂于所有因使用螺丝钉而产生的凹洞中，再放入木钉。待木钉黏着固定后，以双面锯进行修整。使用400号砂纸集中打磨放入木钉处以及边角部分。

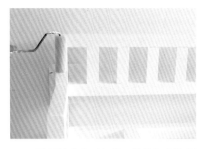

20 除了椅脚底面之外，其他部分皆刷
   上白色油漆。

Tip 上漆时边角部分以油漆刷进行作业，面积宽
    处使用滚筒刷。

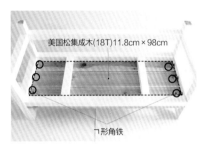

美国松集成木(18T)11.8cm×98cm

┐形角铁

21 将3块美国松集成木(18T)11.8cm×
   98cm固定好以做成椅面之后，将长
   椅翻至反面，使用┐形角铁于木材
   接触处进行固定。

22 在椅面上刷上2~3次Benjamin Moore
完成 Stays Clear漆即完成。

雅致的玻璃收纳柜

　　此款收纳柜简约大方，散发着雅致的气息。其白色的外观和玻璃材质的外观，让人感觉轻巧、灵活，可以放在家中的任何地方。一起来制作独一无二的玻璃收纳柜吧！

■
TOOLS

以沉孔
钻头钻孔
01

沉孔钻头　电钻

制作柜身
02

美国松集成木(18T)
41cm × 63.2cm 2块

美国松集成木(18T)
45cm × 123cm 1块

美国松集成木(18T)
45cm × 119.4cm 1块

美国松集成木(18T)
45cm × 65cm 2块

L型夹钳　　木钉　　刨角器　　400号砂纸

油漆刷

直角夹　　滚筒刷　　白色油漆　　木工
黏着剂

Y形铁制
柜脚 4个

电钻　　3.8cm　2.5cm
　　　　螺丝钉　螺丝钉

双面锯

安装背板
03

红松板材(12T × 12T)
63cm 2块

美国松夹板(4.8T)
63.2cm × 119.4cm 1块

木工
黏着剂

1.5cm
螺丝钉

3cm
螺丝钉

电钻

制作柜门
04

柜门门板(18T)
6cm × 38.2cm 6块
6cm × 62.8cm 6块

沉孔钻头

电钻

木工黏着剂

钉枪

ㄱ形角铁
6个

木材填孔剂(补土)
或Handycoat

400号砂纸

Benjamin Moore
Regal白色油漆

油漆刷

1.5cm　2.5cm
螺丝钉　螺丝钉

嵌入玻璃&
加装置物架
05

硅利康&密封胶枪

字母
图案贴纸

美国松集成木(18T)
38cm × 38.3cm 3块

雾面玻璃
30cm × 54.5cm 3块

单页铰链 6个

双面锯

美工刀

铜珠

电钻

1.5cm
螺丝钉

雅致的玻璃收纳柜

01　**以沉孔钻头钻孔**

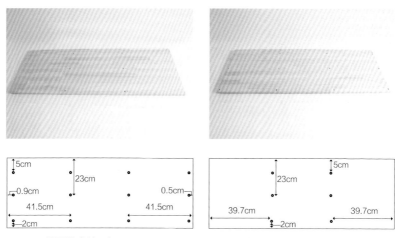

5cm
23cm
0.9cm 　 0.5cm
41.5cm 　 41.5cm
2cm

美国松集成木(18T)45cm×123cm

5cm
23cm
39.7cm 　 39.7cm
2cm

美国松集成木(18T)45cm×119.4cm

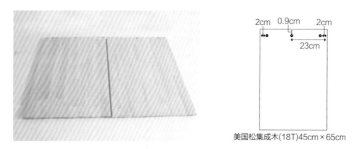

2cm　0.9cm　2cm
23cm

美国松集成木(18T)45cm×65cm

1 按上图的所示，用沉孔钻头在美国松集成木(18T)45cm×123cm、美国松集成木
完成 (18T)45cm× 119.4cm以及美国松集成木(18T)45cm×65cm上钻孔。

雅致的玻璃收纳柜　　　　　　　　　　　　02　**制作柜身**

美国松集成木(18T)41cm×63.2cm

38.6cm

38.6cm

美国松集成木(18T)45cm×119.4cm

2　在美国松集成木(18T)45cm×119.4cm
距离两侧38.6cm的位置上，竖直摆放2块
美国松集成木(18T)41cm×63.2cm，
在木材接触面涂上木工黏着剂使之黏
合。以直角夹夹住后，用 3.8cm螺丝
钉再次固定。

Tip　因为美国松集成木(18T)45cm×119.4cm
和(18T)41cm×63.2cm的宽度不一致，因
此可以在(18T)41cm×63.2cm下方垫上一
本4cm厚的书，这样作业会更为轻松。

3　在2的两侧竖直摆放2块美国松集成木
(18T)45cm×65cm，在木材接触面涂
上木工黏着剂使之黏合。以直角夹夹
住后，用3.8cm螺丝钉再次固定。

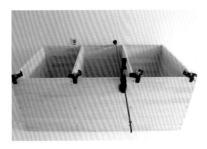

4　在3的前侧摆面竖直摆放美国松集成木
(18T)45cm×123cm，在木材接触面涂
上木工黏着剂使之黏合。以L型夹钳
夹住后，用3.8cm螺丝钉再次固定。

5　把木工黏着剂涂于所有因使用螺丝钉
完成　而产生的凹洞中，再放入木钉。待木
钉黏着固定后，以双面锯进行修整，
并用400号砂纸进行打磨。

雅致的玻璃收纳柜

6 将5刷上白色油漆，边角部分用油漆刷进行作业，面积宽处则使用滚筒刷，静置一天左右，待其完全干燥后再上一次漆。

Tip 从边角部分开始上漆不容易产生刷痕。

7 把Y形铁制柜脚以2.5cm螺丝钉固定于6的底部。

Tip 购买铁制柜脚时即会附有固定用螺丝钉。

红松板材(12T×12T)63cm

8 在2块红松板材(12T×12T)63cm的一面上涂上木工黏着剂。

03　**安装背板**

9　将8分别粘贴于美国松夹板（4.8 T）
　　63.2cm×119.4cm的两侧边缘处，用重
　　物压约4小时使其固定。

10　在7的背面黏上9，以3cm螺丝钉进
　　　行固定。

11　从距离10右上角41.3cm的位置开始，用1.8cm螺丝钉每隔10cm进行固
完成　　定。

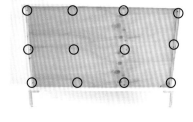

雅致的玻璃收纳柜

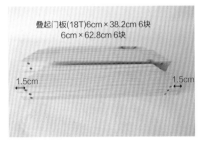

叠起门板(18T)6cm×38.2cm 6块
6cm×62.8cm 6块

1.5cm 1.5cm

12 在12块柜门门板上，用沉孔钻头于距离两端1.5cm的位置钻出孔。

13 于12的两侧边分别涂上木工黏着剂。

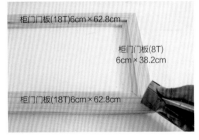

柜门门板(18T)6cm×62.8cm

柜门门板(8T)
6cm×38.2cm

柜门门板(18T)6cm×62.8cm

14 将2块柜门门板(18T)6cm×38.2cm和2块柜门门板(18T)6cm×62.8cm呈"口"形相接摆放，用钉枪于木材的接触面进行固定。

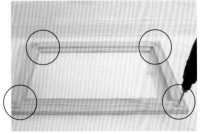

15 将ㄱ形角铁以1.5cm螺丝钉固定于14上。

04 **制作柜门**

16 把15竖立摆放，于距离各个角1.5cm 的位置以2.5cm螺丝钉进行固定。

17 将16翻至看不到コ形角铁的那一 面之后，用木材填孔剂(补土)或 Handycoat填满缝隙。

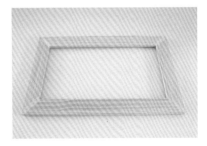

18 静置1天左右，待其完全干燥后，用 400号砂纸打磨整体。

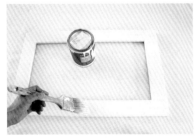

19 在整个柜门门板上刷上Benjamin Moore Regal白色油漆，静置一天左 右，待其完全干燥后再上一次漆。
完成

Tip 注意コ形角铁上不要刷油漆。

20 将19翻至看得到ㄱ形角铁的那一面之后，嵌入雾面玻璃30cm×54.5cm。

21 把玻璃用无色硅利康装进密封胶枪中，对玻璃与木材接触处上胶，静置约一天。

Tip 一般说来，硅利康经过24小时左右才会完全干燥、凝固。

22 将字母图案贴纸贴在柜门玻璃上。

23 将3个柜门都贴上贴纸。

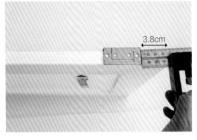

24 把23的侧面朝上竖立摆放，把单页铰链放在距离外端3.8cm的位置，并标记出铰链的位置。

25 用双面锯沿着标记锯划2次左右，用美工刀刨挖出深度为单页铰链厚度的凹槽。

26 把25放在11的前侧面，用1.5cm螺丝钉安装单页铰链。并按照此方法安装好3个柜门的单页铰链。

27 打开收纳柜门，将铜珠固定在距离上端27cm的位置。

28 完成 把美国松集成木(18T)38cm×38.3cm放入27中，按照上述方法安装好3个收纳柜的置物架，作业即完成。

浅蓝色三层柜

　　这款浅蓝色的三层柜小巧、精致，是专门为孩子制作的一款收纳柜，非常适合放在儿童房内。若是调整长度及宽度，也可制作成大人用的收纳柜。这么精致的儿童收纳柜在奢华的精品家具店中也很罕见。快来动手制作吧！

TOOLS

制作凹槽
01

分离导轨
02

3段式抽屉
导轨35cm 6块

固定导轨&
柜脚
03

辐射松集成板材(24T)
40cm × 70cm 2块

辐射松集成板材(24T)
40cm × 60.2cm 1块

辐射松集成板材(24T)
40cm × 65cm 1块

木工
黏着剂

L型夹钳

辐射松集成板材(24T)
5cm × 60.2cm 2块

原木斜式柜
脚10cm 4个

电钻

1.5cm
螺丝钉

5cm
螺丝钉

6.5cm
螺丝钉

制作抽屉
04

美国松夹板(4.8T)
34.1cm × 56.8cm 3块

美国松集成板材(12T)
14cm × 32.6cm 6块

美国松集成板材(12T)
14cm × 57.7cm 6块

美国松夹板(4.8T)
65cm × 72.4cm

美国松集成板材(12T)
4cm × 32.6cm 6块

电动钉枪
(码钉长度2.5cm)

码钉

直角夹

1cm
螺丝钉

固定抽屉
前侧面
05

美国松集成板材(18T)
20.5cm × 59.8cm 3块

浅蓝色油漆

木工
黏着剂

原木球状
把手 2个

把手4个

滚筒刷

Benjamin Moore
Stays Clear漆

油漆刷

电钻(5mm钻头)

2.5cm
螺丝钉　　3.5cm
螺丝钉

浅蓝色三层柜

01 **制作凹槽**

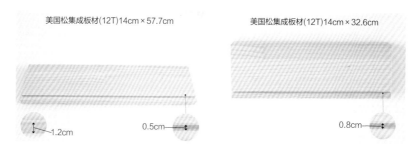

美国松集成板材(12T)14cm×57.7cm

美国松集成板材(12T)14cm×32.6cm

1.2cm   0.5cm   0.8cm

1 在6块美国松集成板材(12T)14cm×57.7cm和6块美国松集成板材(12T)14cm×32.6cm，
距离下端1.2cm的位置上，分别做出宽0.5cm和宽0.8cm的抽屉凹槽。

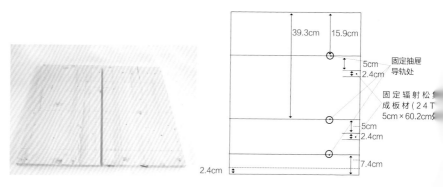

39.3cm   15.9cm

5cm
2.4cm   固定抽屉
导轨处

固定辐射松集
成板材(24T
5cm×60.2cm处

5cm
2.4cm

2.4cm   7.4cm

2 在2块辐射松集成板材(24T)40cm×70cm上，事先标示出固定抽屉导轨及固定2块辐
射松集成板材(24T)5cm×60.2cm的位置。

Tip 固定辐射松集成板材(24T)5cm×60.2cm处：安装在柜子的中断位置，可以防止扭曲、变形。

制作凹槽 　**分离导轨** 　固定导轨&柜脚 　制作抽屉 　固定抽屉前侧面

浅蓝色三层柜

02 **分离导轨**

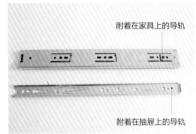

附着在家具上的导轨

附着在抽屉上的导轨

3 将附在3段式抽屉导轨内的塑料透明卡夹往旁边按压并拉出，使导轨分离。

4 将附着在家具体上的导轨与附着在抽屉上的导轨分离。
完成

蓝色三层柜

03　**固定导轨&柜脚**

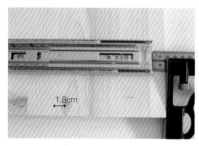

1.8cm

5 将附着在家具体上的导轨放在2所标示的固定导轨的位置上，用1.5cm螺丝钉固定。

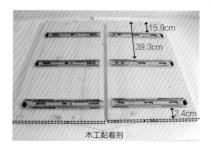

15.9cm

39.3cm

2.4cm

木工黏着剂

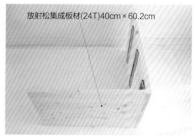

放射松集成板材(24T)40cm×60.2cm

6 按此方法固定好6个抽屉的导轨，并在下侧面涂上木工黏着剂。

7 在6上黏上辐射松集成板材(24T)40cm×60.2cm之后，用5cm螺丝钉固定，呈现出"⌐"形。

8 在7的另一侧边面涂上木工黏着剂，再黏上6，用5cm螺丝钉再次固定，呈现"凵"形。

9 在8的上侧面涂上木工黏着剂，并贴上辐射松集成板材(24T)40cm×65cm，用5cm螺丝钉再次固定，呈现口字形。

10 在1所标示的位置上，使用5cm螺丝钉分别将2块辐射松集成板材(24T)5cm×60.2cm进行固定。

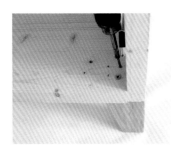

11 在4个10cm原木斜式柜脚的上端涂上木工黏着剂。

12 把11粘贴在10的底部，用6.5cm螺丝钉进行固定。
完成

美国松集成板材(12T)14cm×57.7cm

美国松集成板材(12T)14cm×32.6cm

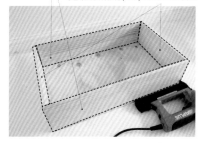

7cm　　　　7cm

13 将2块美国松集成板材(12T)14cm×57.7cm竖立摆放在美国松夹板(4.8T)34.1cm×56.8cm的较长边，2块美国松集成板材(12T)14cm×32.6cm则竖立摆放在其较短边，于木材接触面涂上木工黏着剂，使之黏合。用直角夹夹住后，再以装有2.5cm码钉的电动钉枪进行固定。

14 把13翻至背面，将2块美国松集成板材(12T)4cm×32.6cm涂上木工黏着剂，各自粘贴在距离两端7cm的位置上，以装有2.5cm码钉的电动钉枪再次固定。并按照相同的方法共制作出3个抽屉。

Tip　在抽屉底部加上支架，使用得再久，抽屉底面也不会往下塌陷。

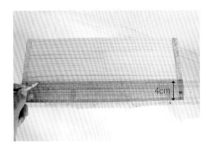

4cm

15 在14侧面距离底部4cm的位置，画出一条直线。

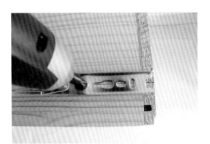

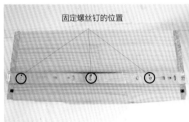

固定螺丝钉的位置

16 将抽屉导轨放在所画的线上，并使线对齐导轨螺栓孔的正中央，共使用3根1cm螺丝钉固定。按照同样方法来固定另一侧的导轨。

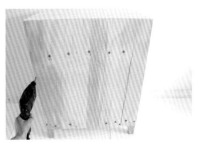

17 按照以上方法固定另外2个抽屉导轨，并分别放入12中。

18 完成 在17的背面放上美国松夹板(4.8T)65cm×72.4cm，于木材接触面涂上木工黏着剂，用1.5cm螺丝钉再次固定。

浅蓝色三层柜

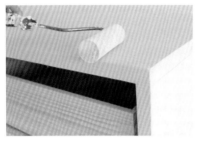

Tip 面积宽处以滚筒刷进行作业，柜脚或边角
部分等面积窄处则以油漆刷进行作业。

19 在18的表面及3块美国松集成板材
(18T)20.5cm×59.8cm的一面上刷上
蓝色油漆，待其完全干燥。

美国松集成板材(18T)20.5cm×59.8cm

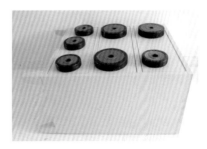

20 在抽屉前侧面涂上木工黏着剂，接着贴上19的3块美国松集成板材(18T)20.5cm×
59.8cm，并将重物压在抽屉上约4小时，使其固定。

| 制作凹槽 | 分离导轨 | 固定导轨&柜脚 | 制作抽屉 | 固定抽屉前侧面 |

05　固定抽屉前侧面

21　用2.5cm螺丝钉从抽屉内侧再次固定20。

Tip　若同时使用快干型热熔胶枪与木工黏着剂，便可缩短固定时间。

<抽屉前侧面的钻孔位置图>

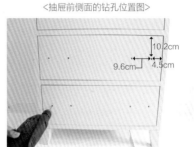

10.2cm
9.6cm　4.5cm

22　使用5mm钻头于抽屉前侧面钻孔，钻出固定把手的螺丝钉位置。

23　在把手上涂上一次Benjamin Moore Stays Clear漆，待其完全干燥后再上一次漆。

24　将把手对准22所钻的孔，用3.5cm
完成　螺丝钉从抽屉内侧进行固定即完成。

后记
EPILOGUE

对我关爱有加的丈夫曾在我生第一个孩子时送给我一份特别的礼物，那就是他对我家的玄关进行了改造。还记得那时正值冬季，冷风会从玄关阵阵灌入我们家。为此，我的丈夫进行了在我们家被称为"国民玄关"的玄关大改造，这也成了唤醒我那隐藏于内心深处的幼时梦想的契机。我小时候住在一个非常小的房子里，因此，我有许多关于怎么更有效地利用空间、怎么提高采光率等问题的想法。

我的这些想法，在和丈夫结婚的同时也实现了。其实，我正式踏入家具 DIY 领域，缘于我父亲的过世。产后忧郁症再加上父亲逝世的噩耗，让我的意志力变得非常薄弱。由于还要照顾两个年幼的孩子，对我来说，外出是件极度奢侈的事情。那段时间累积的压力无处释放，身心非常疲累。我就这样每天倦怠乏力地生活着，直至某一天，我突然意识到自己需要一个转折点，需要有自己的理想和事业。从那时起，我就开始思考，然而浮现脑海最多的便是家具 DIY。一开始，我还不知道该从哪里开始、应该怎么进行，我也曾想过放弃，但我最终坚持了下来，开始稳扎稳打地学习与家具 DIY 相关的一切。事实上在我宣告要从事家具 DIY 时，周遭传来的是"你可别在进行什么改造或砂纸作业时又倒下了"、"干脆休息吧"的声音。不过，丈夫却一直站在我这一边，全力支持着我，让刚起步从事 DIY 作业的我很感动和欣慰。

看到被丢弃在资源回收场的家具，我常会研究其用材，思考其结构和制作方法。在和朋友逛家具商场时，我不仅会欣赏家具的外观和色彩搭配，而且也常为一些家具的构造、把手、铰链等驻足研究。

本书所介绍的家具和其 DIY 方法是热爱家具的我经过不分昼夜的思考和尝试所得到的专属于我的设计和方法。也许有人会给予我"仍未臻于完美"的评价，不过相信大家在看了这本书之后，都能感受到我在家具 DIY 方面所做的努力。

对我而言，家具 DIY 不仅充实了我的精神生活，而且让我的身体也变得越来越健康。通过砂纸打磨和锯子裁切等作业，让我的身体更结实，体力也变得更好。这些年，我所制作的家具和摆饰一个个地摆满了家里的每一个角落，当我看到这些作品，我也会心情愉悦。

　　如今，我的 DIY 技巧不断熟练，我的作品也不断丰富，因此，我将我的经验和作品汇集在这本书中，真心期盼这些内容能给已进入家具 DIY 和对家具 DIY 有兴趣的人一些帮助。

金正银

著作权合同登记号：图字16-2014-179

북유럽 가구 만들기（北欧家具制作）

Text copyright©2014, Kim Jeong-eun (김정은)

All Rights Reserved.

This Simplified Chinese edition was published by Central China Farmer's Publishing House in 2016 by arrangement with JoongAng Books co., Ltd. through Imprima Korea Agency & Qiantaiyang Cultural Development (Beijing) Co., Ltd.

图书在版编目（CIP）数据

北欧风家具DIY /（韩）金正银著；黄璇译. —郑州：中原农民出版社，2016.5

ISBN 978-7-5542-1401-5

Ⅰ.①北… Ⅱ.①金… ②黄… Ⅲ.①家具－生产工艺 Ⅳ.①TS664.05

中国版本图书馆CIP数据核字（2016）第050728号

出版：中原出版传媒集团　中原农民出版社

地址：郑州市经五路66号

邮编：450002

电话：13837172267　　0371-65788679

印刷：河南安泰彩印有限公司

成品尺寸：148mm×210mm

印张：7.5

字数：222千字

版次：2017年4月第1版

印次：2017年4月第1次印刷

定价：58.00元